三峡库区重庆段
典型地质灾害治理工程选录

康景文　赵　翔　编

西南交通大学出版社
·成　都·

内容简介

本书通过对搜集到的三峡库区重庆段 942 处滑坡、塌岸、危岩地质灾害点的勘察、设计、监测资料进行分类统计，对各类地质灾害的特点及灾害治理措施进行研究总结，选取了其中具有代表性的工点，对其工程地质条件、治理措施设计、施工和监测及治理效果做了详细介绍，可供类似地灾治理工作借鉴和参考。

图书在版编目（CIP）数据

三峡库区重庆段典型地质灾害治理工程选录／康景文，赵翔编. —成都：西南交通大学出版社，2015.7
ISBN 978-7-5643-4082-7

Ⅰ. ①三… Ⅱ. ①康… ②赵… Ⅲ. ①三峡水利工程 – 地质灾害 – 灾害防治 – 重庆市 Ⅳ. ①P694

中国版本图书馆 CIP 数据核字（2015）第 174576 号

三峡库区重庆段典型地质灾害治理工程选录
康景文　赵　翔　编

责 任 编 辑	胡晗欣
特 邀 编 辑	柳堰龙
封 面 设 计	墨创文化
出 版 发 行	西南交通大学出版社 （四川省成都市金牛区交大路 146 号）
发 行 部 电 话	028-87600564　028-87600533
邮 政 编 码	610031
网　　　　址	http://www.xnjdcbs.com
印　　　　刷	四川煤田地质制图印刷厂
成 品 尺 寸	185 mm × 230 mm
印　　　　张	12.5
字　　　　数	258 千
版　　　　次	2015 年 7 月第 1 版
印　　　　次	2015 年 7 月第 1 次
书　　　　号	ISBN 978-7-5643-4082-7
定　　　　价	48.00 元

序

　　地质灾害的治理是地质灾害研究和防治工程最重要的内容和最终成果。由于地质灾害问题的极端复杂性，目前对地质灾害治理的理论和实践还远未达到理想的认识，仍需要通过大量工程实践的积累和总结，以促进学科的发展。

　　三峡水库是我国目前最大的河流型水库。三峡库区地质环境脆弱，在三峡工程建设前就是地质灾害多发区和重灾区之一。三峡工程建成运行后，周期性的库水位急剧涨落、库水的冲刷和软化作用以及移民新城镇建设和公路修建等人类工程活动，改变了水动力条件和岩土体结构，促使新的滑坡、塌岸等地质灾害的形成。为保障移民新区、航运和三峡大坝安全运营，国家先后投资数十亿进行治理，截至目前，三峡库区重庆段地质灾害工程治理并通过验收的项目已达 700 余个。在如此之多的地灾治理工程实践中，有大量值得研究和借鉴的成功实例。

　　中国建筑西南勘察设计研究院作为在西南地区有着 50 多年岩土工程和地质灾害勘察设计研究的专业单位，有一支具有很高研究水平和丰富实践经验的专业队伍。作为这支专业团队的核心，本书作者直接参与了三峡库区地质灾害的勘察、设计、施工、监测等全过程的系统治理工作，掌握了本单位及其他参加单位大量的经过实际检验的治理工程资料。作者在对多年工程实践经验和大量工程资料进行分类总结、系统研究的基础上，编撰完成本书。

　　本书以三峡库区重庆段为研究区，对所搜集到的近千个地质灾害工点的资料进行分类统计、总结归纳，得出了三峡库区重庆段滑坡、塌岸、危岩三类地质灾害在分布及分类、发育影响因素等方面的特点，并总结了稳定性评价方法、治理工程和施工监测技术在地质灾害治理中的应用情况。在此基础上，本书筛选出若干具有代表性的治理工程所在的地质灾害工点，对其工程地质条件、治理工程设计、施工和监测方面的内容进行详细阐述，并通过现场调查对治理效果进行了评价。

　　本书内容翔实，对各类地质灾害的特点和治理经验的总结系统而全面，所选取的工程实例具有典型性，对工程实例中勘察、设计、施工及监测、治理效果四大方面的内容进行了全面阐述，其中，治理效果是作者在进行了现场调查后作出的客观评价。因此本书是一本具有重要参考价值的技术著作，为后续相关治理工作的开展或类似灾害点的治理提供了经过深入分析与总结的成功范例，值得向广大地灾和岩土工程技术人员推荐。

中国建筑股份有限公司　总工程师

2015 年 7 月

前　言

　　三峡库区地质环境脆弱，在三峡工程建设前就是地质灾害多发区和重灾区之一。三峡水库蓄水后，由于干流水位每年在汛期和枯水期都有数十米的涨落，水位急剧上升或下降将使库岸的环境发生很大改变，必将引起库岸失稳，主要表现为老滑坡的复活、新滑坡的产生以及加剧塌岸的发生。水库蓄水后移民城镇建设和基础设施建设也会引发新的地质灾害。

　　三峡库区地质灾害点多面广，地质灾害隐患点威胁着人民群众的生命财产，影响着重大基础设施的安全运营。为了保证人民生命财产的安全，国家投资了大量人力、物力对库区的地质灾害进行治理。目前，据不完全统计，已完成的各类地质灾害治理项目约有700余项。在三峡库区地质灾害防治过程中，在地质灾害防治工程勘察、设计、监测和施工等方面积累了许多宝贵的经验。将三峡库区地质灾害的特点及其治理措施的应用情况进行总结和评价，有利于现有成功经验的推广和库区后续地质灾害治理工作的开展。

　　本书在对所搜集到的三峡库区重庆段942处（包括162个滑坡、404个塌岸、376个危岩体）地质灾害点的勘察、设计、监测资料进行分类统计、研究总结的基础上，分析各类地质灾害的特点和稳定性评价方法，总结库区地质灾害治理措施的应用情况，以典型工程实例的形式对新颖的或具有代表性的治理工程所在灾害点的工程地质条件、治理措施设计、施工和监测进行详细论述，并通过现场调查对治理效果进行评价，为后续相关治理工作或类似灾害点的治理提供参考。

　　本书共13章，包括四大部分内容：

　　第一部分（第1章）：概况。介绍了三峡库区重庆段的工程概况、地理交通、气象水文。

第二部分（第 2 章～第 7 章）：滑坡篇。总结了三峡库区重庆段滑坡的分布及分类特征、发育影响因素、稳定性评价方法、治理工程和施工监测技术的应用情况。选取新颖的、具有代表性的 5 个滑坡（群），对其工程地质条件和治理工程设计、施工、监测、治理效果等内容进行详细论述。

第三部分（第 8 章～第 10 章）：塌岸篇。总结了三峡库区重庆段的水库运行特征、塌岸结构类型、破坏模式、稳定性分析和塌岸预测方法、治理措施、施工及监测技术，并选取破坏模式类型较多、治理措施具有代表性的 2 个塌岸带 22 个剖面进行详细论述。

第四部分（第 11 章～第 13 章）：危岩篇。总结了三峡库区重庆段危岩体的发育成因、破坏模式、稳定性评价方法、整治措施和施工及监测技术。选取破坏类型较多、整治措施具有代表性的 2 个危岩带 182 块危岩体进行详细论述。

本书由中国建筑西南勘察设计研究院有限公司康景文、赵翔主持编写，参加编写的人员有中国建筑西南勘察设计研究院有限公司康景文、赵翔，西南交通大学谢强、赵文、渠孟飞、赵梦怡、周根郑、贺建军、孙彩婷等。全书由康景文统稿。

本书所涉及的工程实例资料，来自于参加三峡库区地质灾害勘察设计的相关单位，特向以下单位表示衷心的感谢：长江水利委员会长江勘测规划设计研究院、重庆市南桐工程勘察有限公司、四川省建筑设计院、四川省地质工程勘察院、重庆市地质矿产开发勘查局一〇七地质队、重庆市乐浦地质灾害防治咨询设计事务所、重庆一三六地质队、重庆市地质灾害防治工程勘查设计院、重庆市地质矿产勘查开发局南江水文地质工程地质队等单位，特此致谢。

由于编者水平有限，书中难免有不妥与错谬之处，敬请读者批评指正。

编　者

2015 年 7 月

目　录

第1章 三峡库区重庆段概况

1.1 工程概况

长江三峡西起重庆奉节的白帝城，东至湖北宜昌的南津关，全长 193 km。三峡水利枢纽工程位于湖北宜昌市夷陵区三斗坪，下距葛洲坝水利枢纽 38 km，1994 年 12 月 14 日正式宣布开工，2003 年 6 月 1 日下闸蓄水至 135 m，2006 年 5 月 20 日全面建成，2010 年 9 月 10 日启动 175 m 试验性蓄水，2010 年 10 月 26 日库水位涨至 175 m，首次达到设计最高蓄水位。大坝全长 2 309.5 m，坝顶高程 185 m，正常蓄水位 175 m，总库容 393 亿立方米，其中防洪库容 221.5 亿立方米，尾水水位 83.2 m[1]。三峡库区位于长江干流湖北省宜昌市夷陵区三斗坪镇至重庆市江津县之间，库岸长约 690 km，地理坐标东经 106°~111°，北纬 29°30′~31°21′，行政区划跨越湖北省和重庆市 20 个区、县的沿江地带。三峡水库为典型的河谷型水库，库区干流控制面积约 5 500 km²，支流控制面积 3 200 km²[2]。库区地处四川盆地与长江中下游平原的结合部，跨越鄂中山区峡谷及川东岭谷地带，北屏大巴山，南依川鄂高原，处于我国第二阶梯地形的东缘，总体地势东西向呈东高西低（东端最高峰海拔 3 105 m，西端最高峰海拔 2 251 m）[3]。三峡库区地质环境具有东西分异现象，在地理、气象和地质构造等方面存在明显特征[2]。

三峡库区正常蓄水位后，汛期 6 月中旬至 9 月底水库坝前限制水位 145 m，以便洪水来临时拦蓄洪水。10 月初至 10 月底，水库坝前水位从 145 m 抬升至 175 m；11 月至次年 4 月底，水库坝前水位保持 175 m；5 月初至 5 月底，水库坝前水位从 175 m 降至 155 m，每天下降不大于 1 m，平均为 0.67 m/d；6 月 1 日至 6 月 10 日，水库坝前水位从 155 m 降至 145 m，平均下降为 1.0 m/d。坝前水位在 145~175 m 波动，水位变幅为 30 m。蓄水后，三斗坪水位上升幅度最大，按 5 年一遇设计洪水位，回水水位较天然水位上升 104 m，见表 1.1。库水位的频繁变化对库岸的稳定性将产生巨大的影响。

表 1.1　三峡工程 175 m 水位方案干流库区重点断面回水水位值[4]

| 断面 | | 距坝里程/km | 天然水位/m | | | | 回水水位/m | | | |
编号	名称		1%	2%	5%	20%	1%	2%	5%	20%
23	巫山县	124.2	128.8	127.0	124.0	118.7	175.3	175.2	175.1	175.1
30	奉节县	162.2	137.3	135.4	132.1	126.3	175.4	175.3	175.2	
39	新津乡	218.7	140.7	138.8	135.5	130.0				
40	云阳县	223.7	141.2	139.4	136.0	130.5				
44	双江镇	248.4	142.7	140.8	137.6	132.2				
50	万　州	281.3	144.7	142.8	139.8	134.6				
67	忠　县	310.3	153.4	151.6	149.0	144.4	175.5	175.4	175.3	
79	丰都县	429.0	157.9	156.4	154.1	150.0	175.6	175.5		
85	盐汉溪	454.6	163.9	162.3	160.0	155.9	175.8	175.6	175.4	175.2
91	郭家嘴	479.4	168.8	167.2	164.9	160.9	160.9	176.0	175.6	175.3
102	长寿县	527.0	180.9	179.0	176.6	172.3	172.3	182.1	177.6	175.6
108	下刘家坪	555.0		183.4	181.2	177.0	177.0		181.8	177.6
110	木　洞	565.7	186.7	185.2	183.0	178.8	178.8	187.4	183.5	179.3
112	木塘坎	573.9		186.7	184.5	180.4	180.4		185.0	180.7
113	弹子田	579.6	189.5	187.9	185.7	181.5	181.5	190.0	186.0	181.8
114	广阳坝	583.8	190.0	188.5	188.3	182.1	182.1	190.5	186.6	182.4
117	生基塘	593.5	192.5	190.8	188.5	184.0	184.0	192.8	188.8	184.3
118	寸　滩	596.7	193.1	191.5	189.2	184.8	184.8	193.4	189.5	185.1
120	重　庆	603.7	194.2	192.5	190.1	185.8	185.8	194.5	190.3	186.0

　　长江流域因三峡水电站的修建而淹没的县（市）有 20 个，包括湖北省所辖的宜昌县、秭归县、兴山县、恩施州所辖的巴东县；重庆市所辖的巫山县、巫溪县、奉节县、云阳县、开县、万州区、忠县、涪陵区、丰都县、武隆县、石柱县、长寿县、渝北区、巴南区、江津区及重庆核心城区（包括渝中区、沙坪坝区、南岸区、九龙坡区、大渡口区和江北区）。按三峡工程正常蓄水位 175 m，加风浪超高 2 m 和 20 年一遇洪水回水线作为移民迁建的范围，水库长 568 km，水面 1 084 km²，其中淹没陆地面积 632 km²。三峡工程百万移民历经

8年试点、17年搬迁安置，前后共计25年，于2009年完成了搬迁安置的阶段性任务。截至2009年年底，三峡工程库区累计搬迁安置城乡移民129.64万人，其中：搬迁安置农村移民56万人（其中外迁安置19.6万农村移民），搬迁安置城（集）镇移民73.64万人；完建各类房屋建设5 054.76万平方米；完成城（集）镇迁建118座[按照合并调整后的城（集）镇，其中城市和县城12座、集镇106座]。城（集）镇基础设施建设如期完成；工矿企业迁建完成1 532家，其中迁建530家，破产关闭1 102家[5]。

　　三峡库区地质环境脆弱，在三峡工程建设前就是地质灾害频发的地区。滑坡、崩塌是三峡库区的主要外动力地质现象，也是地质灾害的主要类型。滑坡、崩塌发育受地区地层岩性、地质构造和地貌及其组合关系等条件控制，造成了空间分布的明显差异。库区沿岸的奉节李家坝—云阳故陵镇、云阳大河沟—兴隆滩和万州城区附近等库岸段崩滑体发育数量最多，斜坡的稳定性也最差（见图1.1）。在发育时间上有受降雨入渗、地震、人类工程活动和洪水冲刷、掏蚀等触发因素制约的特点，其中尤以降雨入渗的影响最为频繁而明显。

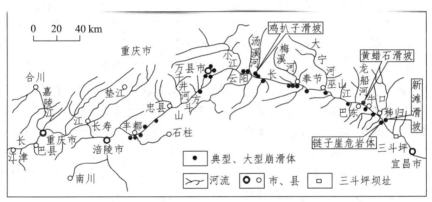

图1.1　三峡工程库区蓄水前巨型和大型崩塌滑坡位置分布图[2]

　　1982年7月暴雨期，万州各县（区）发生大小崩滑体8万余处；1993年7—8月，万州各县（区）再次发生崩滑体1.1万处。三峡库区滑坡、崩塌灾害的危害十分严重。1982年7月15日至30日的崩滑体，使万州各县（区）20余万户约100万人受灾。毁坏耕地0.66万公顷，房屋3.6万间，造成1.1万户人无家可归。1993年7—8月，万州发生的崩滑体灾害，毁坏耕地1.32万公顷，房屋5.63万间，3 800多户人无家可归，各类经济损失1.8亿元。云阳县1993年因滑坡灾害受灾农户25.13万户，人口达91.37万人，分别占农户的47.6%，占农业总人口的48.1%，各类经济损失达8 890万元。各基本建设工程受滑坡、崩塌灾害的危害也十分严重，其中交通工程和城镇受灾最为突出。1982年云阳鸡扒子滑坡堵江，也曾一度造成断航，后投入8 000万元，采取在河底挖掘堆积物、沿岸压脚、滑坡表面排水等综合措施，才使航运得以恢复。川东地区的公路"晴通雨堵"的现象十分普遍，一方面是由于公路等级差，雨天土路难行；另一方面则是因为滑坡、泥石流堵塞和洪水冲毁而无法通行[6]。

据中国科学院成都山地灾害与环境研究所 1990 年的调查，从三峡大坝至重庆市，长约 600 km 的长江两岸，在统计的 214 个滑坡崩塌中（面积约 50 km^2），滑坡崩塌体总量达 13.52 × 10^8 m^3，其中崩塌 47 个，体积 1.173 × 10^8 m^3；滑坡 167 个，体积 12.35 × 10^8 m^3。崩塌占崩滑总数的 21.96%，占崩滑总体积的 8.6%；滑坡占崩滑总数的 78.04%，占崩滑总体积的 91.4%（见表 1.2）。河谷平均每千米有滑坡 0.36 个，体积 225.32 × 10^4 m^3[6]。

表 1.2　滑坡崩塌统计表（据刘新民，1990）[6]

区　间	河谷长 /km	滑　坡		崩　塌		崩滑体累计	
		数量 /个	体　积 /（10^8 m^3）	数量 /个	体　积 /（10^8 m^3）	数量 /个	体　积 /（10^8 m^3）
重庆—三峡大坝	600	167	12.35	47	1.173	214	13.52

为了三峡工程顺利实施和运行，三峡水库蓄水后，由于干流水位每年在汛期和枯水期都有数十米的涨落，水位急剧上升或下降，很容易导致一些老的滑坡、崩塌体复发，引发新的滑坡和崩塌等地质灾害。三峡库区蓄水后，可能触发 1 000 多个库岸滑坡，单个滑坡体积可达几亿立方米，严重威胁移民新区、航运和三峡大坝安全运营，2003 年前国家投资 40 亿进行治理。三峡库区地质灾害点多面广，地质灾害隐患点威胁着人民群众的生命财产，影响着重大基础设施的安全运营。

大规模的基础设施建设引发了大量的滑坡、崩塌、泥石流灾害；随着城市化进程的加快，现代都市圈逐渐形成，土地资源供需矛盾加剧，长期人为挖填破坏环境，导致了大面积的地质灾害。三峡库区各地工程活动引起的环境问题，形成了许多地质灾害隐患，工程活动引发的滑坡、崩塌、泥石流、地面塌陷、地裂缝灾害在库区各城市普遍存在。

2001 年 7 月三峡库区地质灾害防治工作启动，2002 年 1 月 25 日，随着国务院对《三峡库区地质灾害防治总体规划》作出批复，库区地质灾害治理开始实施。

2002 年 10 月，地质灾害防治工程全面展开。共有来自全国 20 个省、自治区、直辖市和地矿、水利、交通、铁道、核工业、冶金、煤炭、科研院所及院校的上万名工作者参与到了三峡库区地质灾害的防治工作中。

重庆市三峡库区地质灾害防治工作分三期进行。三峡库区地质灾害的集中治理始于 2001 年的二期治理。最初（一期）是从 400 亿移民资金中切出 6 个亿来作为防治经费，由国务院三峡建委移民局管理。重庆三峡库区二期地质灾害工程治理项目有 182 个（包括崩滑体 129 处、库岸 53 段）。2004 年 7 月中旬，二期地质灾害防治工程通过初步验收。三期地质灾害治理共分应急项目和非应急项目两大类，其中应急项目196个（包括二期分期治理项目后续工程和国家批复初设的非应急项目，新开工项目为173个，包括崩滑体66个，库岸130段），非应急项目135个（包括泥石流1处、滑坡（群）69个、危岩（带）19个、库岸39段、变形体7处），参与的勘察设计单位有38家。2013年11月11日，重庆三峡库区三期地质灾害防治工程通过最终验收。

1.2　地理交通

三峡库区（重庆段）的地理位置为东经 106°～110°，北纬 29°30′～31°21′，行政区划上隶属于重庆市，涉及重庆市的15个县（区），总面积45 407 km²。东临湖北，南接贵州，西靠四川，北连陕西，是连接我国西南和华中的天然纽带，亦为西南各省、区、市出海之要道（见图1.2）。

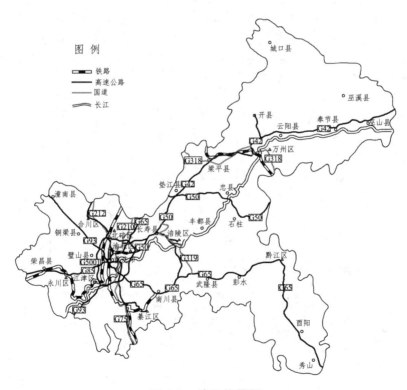

图 1.2　地理位置图

三峡库区（重庆段）交通便利，宜万、万达、渝利、渝怀、遂渝、南涪等铁路线，G210、G319、G212、G318国道，G5001、G65、G42、G50、G93、G75高速公路等公路干线构成了四通八达的陆上交通网络。重庆居长江上游，东出三峡可直达长江中下游各省、市，北溯嘉陵江可抵四川，南溯乌江可抵贵州，梅溪河、磨刀溪、汤溪河、彭溪河、大溪河、大宁河等支流亦可通航。库区现有两座民用机场，分别是重庆江北国际机场、重庆万州五桥机场。另有两处在建机场——武隆机场和巫山机场。

1.3 气象与水文

1. 气 象

库区（重庆段）位于四川盆地东部，距太平洋约1 000 km，具有平均气温高、冬暖夏热、降雨充沛、气候湿润和无霜期长等特点，属典型亚热带湿润性季风气候。

库区年平均气温在18 ℃左右（见图1.3、表1.3）。冬季气温平均为6~8 ℃。夏季平均气温为27~29 ℃。由于三峡库区地形复杂，气象要素分布在时间和空间上均具有明显差异。据沿江各气象站记录，奉节以东的三峡江段多年平均气温为16.7~18.4 ℃。奉节以西的川江地区为18.1~18.7 ℃。各县冬季极端最低气温均在0 ℃以下。夏季沿江地带是流域内的高温区之一，极端最高气温可达40 ℃以上。

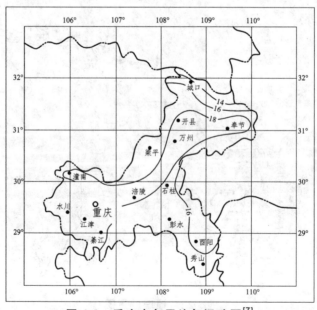

图1.3 重庆市年平均气温略图[7]

表 1.3　重庆市部分地区年平均气温统计表[7]

站　　名	沙坪坝	江　津	涪　陵	万　州	巫　山	巫　溪
测场海拔高度/m	259.1	216.0	273.5	186.7	275.7	377.8
年均温/°C	18.2	18.4	18.0	18.2	18.0	17.7

　　库区（重庆段）各地年降水量充沛，大部分地区在 1 000 ~ 1 200 mm。降水量相对高值区处在开县一带，为 1 200 ~ 1 300 mm（见图 1.4）。降水量的空间分布除受大气环流控制外，还深受地貌的影响。库区年降水量的分布，有如下两个特点：第一，迎风坡利于暖湿空气抬升凝结成雨，迎风坡多于背风坡。第二，山地多于河谷地区。地处山地的巫溪比地处河谷的武隆、丰都年降水量多 74.4 ~ 298.5 mm[7]。暴雨一般始于 5 月，终于 9 月。6—7月暴雨次数占全年的 50% 以上。从地域分布来看，暴雨多出现在市境东南部及东北部。库区各地暴雨统计值见表 1.4 和表 1.5。在连降暴雨之后，因降水强度和地面径流大，常引起山洪暴发，往往造成洪涝灾害和严重的水土流失，导致山体滑坡、泥石流、堤防溃决、农作物等被淹，交通、通信和电力中断，部分喀斯特盆地积水成湖。暴雨和洪涝造成人员伤亡和重大经济损失，危害很大[7]。

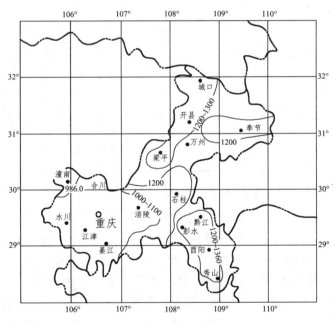

图 1.4　重庆市平均降水量（mm）[7]

表 1.4　三峡库区（重庆段）1950—1989 年暴雨极值统计表[8]

站名	≥100 mm 一日最大			≥100 mm 三日最大		≥3 日连续降雨过程		
	降雨量	日期	共计次/年	降雨量	日期	连续最大降雨量（mm）	日期	持续天数
江津	159.5	1965-9-5	4/35	166.2	1965-9-4—6	273.6	1983-7-3—14	12
重庆	195.3	1980-7-30	12/40	221.0	1980-7-29—31	272.6	1963-5-23—6-1	10
长寿	196.3	1974-8-10	11/31	293.3	1974-8-8—10	293.3	1974-8-8—10	3
涪陵	117.2	1989-5-12	3/41	129.6	1982-7-15—17	247.5	1973-9-7—18	12
丰都	160.5	1961-7-6	5/30	248.4	1982-7-16—18	249.6	1982-7-15—18	4
忠县	230.8	1982-7-16	7/31	355.3	1982-7-15—17	549.5	1982-7-15—30	16
万州	243.3	1982-7-16	11/34	388.6	1982-7-15—17	488.7	1982-7-15—23	9
云阳	210.5	1982-7-16	12/33	345.0	1982-7-15—17	473.0	1982-7-15—24	10
奉节	158.6	1956-7-8	9/38	211.5	1982-7-15—17	307.6	1982-7-15—23	9
巫山	157.7	1981-8-24	4/31	177.3	1984-6-12—14	255.2	1989-7-8—13	7

表 1.5　三峡库区（重庆段）大于 100 mm 大暴雨频率统计表[8]

市（县）	江津	重庆	长寿	涪陵	丰都	忠县	万州	云阳	奉节	巫山
出现次数	4	12	11	3	5	7	11	12	9	4
年数	3	10	9	3	4	5	11	11	8	4
统计年数	35	40	31	41	30	31	34	33	38	31
频率/%	11.4	30	35.6	7.3	16.1	22.6	32.4	36.4	23.7	12.9

　　长江沿岸及嘉陵江、乌江下游一带温度高，降水丰富，水面广阔，故湿度大，年平均相对湿度超过 80%，其余地区均在 70%~80%。云的形成取决于相对湿度，湿度大，云量多。重庆市平均云量在 7~8。各地云量的年变化，大致与相对湿度一致。秋末冬初云量多大于 8，这与锋面活动多有关。相对而言，夏季天气多晴，云量减小，但仍为 7~8。晴、阴日数的多少和云量多寡关系极大。重庆全年阴天日数达 219.6 天，从季节变化看，冬季阴天的日数更多一些，如重庆沙坪坝的 12 月几乎每三天就有两天半是阴天。市境内全年的晴天日数一般只有 1—2 月，以 7—8 月份较多。市境地势起伏，风力微弱，水汽不易散失，已是多云的基本条件，加之冬半年锋面活动频繁，所以每年从 9 月起，即成为多云中心。

雾日的分布和云量相类似，除边缘山地较少外，其余地区年平均雾日多在 20 ~ 35 天以上。在中山之巅，常处于凝结高度以上，雾日特别多，如沙坪坝 44.6 天/年，最多 148 天/年[7]。库区近年各区气象数据见表 1.6。

表 1.6　三峡库区的平均气温（℃）、降水量（mm）和相对湿度（%）的原始数据[①]

区县	气象要素	2000	2001	2002	2003	2004	2005	2006	2007	2008	2009
重庆	平均气温/℃	18.1	18.9	18.8	18.9	18.4	18.6	19.1	19	18.5	19
	相对湿度/%	80	79	81	80	78	78	74	81	82	80
	降水量/mm	1 018	8 114	1 421	1 033	1 188	1 020	842.8	1 439	962.7	1 199
长寿	平均气温/℃	17.2	18.1	17.9	18	17.6	17.6	18.6	18.4	17.9	18.2
	相对湿度/%	83	80	82	81	83	82	75	80	74	79
	降水量/mm	1 080	800.4	1232	1079	1 365	1 133	872.8	1268	1 020	1 081
涪陵	平均气温/℃	17.9	18.7	18.5	18.7	18.2	18.4	19.2	18.6	18.2	18.6
	相对湿度/%	81	79	80	79	77	74	72	80	78	81
	降水量/mm	979.3	831.9	1 216	1 168	1 270	1 086	840.3	1 082	1127	1 049
万州	平均气温/℃	18	19.1	18.6	18.7	18.5	18.4	19.3	18.7	18.4	18.8
	相对湿度/%	81	78	80	80	75	76	74	80	82	80
	降水量/mm	1 396	848.6	1 073	1 461	1 315	1 145	893.2	1 179	1 018	1 151
奉节	平均气温/℃	16.1	17	16.5	18.1	18.2	18.3	19.3	18.7	18.2	18.6
	相对湿度/%	72	72	75	74	72	70	65	75	77	73
	降水量/mm	1 139	969.3	1 291	1 366	1 153	893.2	763.5	1 080	1 104	1 001
巫山	平均气温/℃	18.1	18.9	18.3	18.5	18.7	18.6	19.6	19.1	18.6	19
	相对湿度/%	69	69	71	73	66	66	63	68	67	67
	降水量/mm	1 102	876.2	1 072	1 180	1 074	913.2	767.7	1 165	1 224	866.6

① 引自钞婷等人的《三峡工程与局部气候变化：基于四川和重庆气象数据的实证分析》。

2. 水 文

库区内地貌类型复杂多样,各地气候差异明显,江河分布在起伏的山丘之间,俯瞰全市,山川纵横,江河众多,分属长江干流、嘉陵江、乌江等水系。流域面积大于 50 km² 的河流总计约 374 条,其中:流域面积 50 ~ 100 km² 的约 167 条,100 ~ 500 km² 的河流 152 条,500 ~ 1 000 km² 的 19 条,流域面积 1 000 ~ 3 000 km² 的 18 条[9],如图 1.5 所示。长江从西南向东北绕行于重庆市境中部,海拔多在 200 ~ 450 m,地势大多南倾,起伏和缓,丘陵广布,间有平原(平坝),南北支流注入长江,是不对称的向心状水系。北岸支流长而多,南岸支流除乌江外,短而少。长江在江津以下穿越许多峡谷,峡谷段谷坡多大于 45°,河床多系基岩或乱石。流域内气候湿润,但降水季节分配不均,年际变化大。径流年内变化与年际变化亦大,嘉陵江与乌江的丰水年分别为枯水年的 2.7 倍和 2.8 倍,这在长江流域中是比较突出的。库区内河流具有洪峰高、持续时间长、洪水量大的特征。长江干流及主要支流人口稠密,开发历史悠久,经济发达。较大河流皆可通行轮船和木船。自然植被破坏较严重,水土流失面积大[7]。图 1.5 为重庆水系略图。

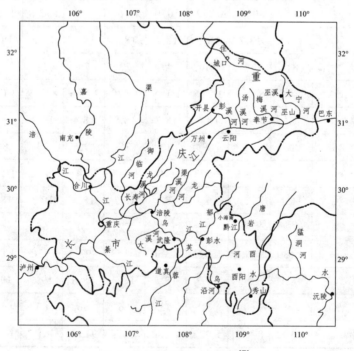

图 1.5　重庆市水系略图[7]

长江在江津羊石镇进入重庆市境,流经重庆市 17 个区(市)县,在巫山县培石镇出境,境内江段长 683.8 km，入境（朱沱站）多年平均年径流量 2 692 亿立方米，出境（巫山站）多年平均年径流量 4 292 亿立方米。三峡库区形成后，回水长达 660 km，水面变宽，对水环境保护提出了更高的要求[9]。

嘉陵江是长江的一大次级河流，发源于陕西省秦岭南麓，流经陕西、甘肃、四川三省，在合川古楼镇进入重庆市，入境水量 275.5 亿立方米，在渝中区朝天门处汇入长江。流域面积 15.79 万平方千米，河流全长 1 120 km，河口多年平均流量 2 120 m³/s；在重庆市境内流域面积 9 262 km²，河长 153.8 km，落差 43.1 m[9]。

乌江发源于贵州省威宁县的乌蒙山麓，沿西阳边界流过，经彭水、武隆，在涪陵城东注入长江。流域面积 87 920 km²，河流全长 1 020 km，多年平均流量 1 650 m³/s，入境水量 396.7 亿立方米。境内流域面积 2.85 万平方千米，河长 235 km[9]。

大宁河是长江三峡中的一条小支流，又名巫溪水，发源于大巴山南麓，穿过崇山峻岭，接纳众多小溪，由北向南，在巫峡西口注入长江，长约 250 km，流域面积 3 720 km²，绝大部分为山地。河床陡峻，天然落差 1 540 m，可利用落差 577 m，多年平均流量 106 m³/s，但变幅极大。遇山洪暴发时，流量高达 5 000 m³/s。水力蕴藏量 20 万千瓦。

梅溪河位于奉节县北岸，为长江一级支流，发源于巫溪县境，在巫溪段称分水河。从奉节县竹园区入境，在奉节老城东注入长江，境内长 83.6 km。沿途接纳分水河、瓦滩河、九个洞、子斜河、车家坝河、任家坝河等六条支流。境内流域面积为 1 209.4 km²。梅溪河中游多险滩急流，平均比降 8.57‰，下游较平缓，平均比降 2.75‰，多年平均流量为 45.9 m³/s，年径流总量 14.48 亿立方米。

汤溪河又名五溪河，位于长江北岸，河口距宜昌航道里程 270 km，发源于巫溪县尖山区北部龙台乡中南村，经牛角洞进入云阳县，流经沙沱、江口、南溪、云安、云硐小河口汇入长江。汤溪河全长 98 km，云阳县境内 64 km，枯水流量 3.96 m³/s，河口吴淞高程 85 m[10]。

龙河系长江右岸一级支流。河源分为两支，北支发源于方斗山山脉东南麓，南支发源于七曜山山脉西北麓。两支流于石柱县桥头镇汇合后，自东北向西南流经石柱县城至丰都县廖家坝处折向西北流，于丰都县城注入长江。龙河全长 161 km，属山区性河流，落差约 290 m，流域面积 2 810 km²。龙河流域地处川东深丘区，河谷深切，岸坡陡峻，河道比降大。最丰年的平均流量为 65.1 m³/s，最枯年的平均流量为 22.5 m³/s，分别为多年平均流量的 1.9 和 0.66 倍[10]。

龙溪河为长江北岸一级支流，位于重庆市东部丘陵区，发源于梁平县东菩萨扇南麓，流经梁平、垫江、长寿，在长寿区注入长江。上游平缓，下游陡峻多急滩和瀑布。全长 229.8 km，流域面积达 3 280 km²，河口多年平均流量 54 m³/s。1956 年在龙溪河下游建成狮子滩水库，大坝蓄水后造就长寿湖。该湖南北长 17 km，东西宽 5 km，水库面积 65.5 km²，总库容 10.27 亿立方米[11, 12]。

澎溪河自开县汉丰镇老关咀,经铺溪公社入云阳县,于双江镇注入长江,长 102.5 km,在开县年径流总量 32.4 亿立方米,径流深 642.5 mm,比降 0.32‰。水能理论蕴藏量 7 910 kW,可开发量 540 kW。最枯流量为 4.5 m^3/s,百年一遇洪水流量可达 6 889 m^3/s。河床宽阔平缓,水量稳定[13]。

磨刀溪位于万州区南部,属长江南岸一级支流。发源于石柱县杉树坪,流经湖北省利川市及万州区,于云阳县新津乡汇入长江,长 183 km,流域面积 3 170 km^2,多年平均流量 42.1 m^3/s,水能理论蕴藏量 14 万千瓦。

库区水资源丰富,境内各类水资源总计 4 624.42 亿立方米,多年平均当地地表水资源量 511.44 亿立方米,地下水水资源量 131.66 亿立方米,入境水水资源量 3 981.32 亿立方米。人均当地水资源量 1 682 m^3,亩均水资源量 2 048 m^3,为全国均值的 63.89%。水能资源理论蕴藏量 790 万千瓦,可开发系数为 0.599。在空间分布上,西部丘陵区水资源相对贫乏,东部山地相对较丰沛;在季节分配上,水资源夏秋多,冬春少[9]。

第2章 三峡库区重庆段滑坡概述

三峡库区长江干流和支流都有大量滑坡体存在，据资料统计，三峡库区重庆段15个县（区）42 239 km² 范围内，发现并登记的3 891个灾害点中有滑坡2 747处，占70.6%[14]。同时三峡水库库水的浸泡和库水位涨落都可能引起滑坡的复活。滑坡是三峡库区最主要的地质灾害类型，对库区居民的安全及水库的正常运行构成威胁，在移民迁建、城镇迁建过程中，无论是工厂还是居民点，都应充分考虑地质情况，考虑滑坡体的问题。因此对三峡库区滑坡的特征及治理方法进行总结和研究具有重要意义。

1. 滑坡分布

地理分布上，收集到的三峡库区重庆段的162个滑坡主要分布于万州、奉节和云阳一带，其中：万州区有50个，占总数的30.86%；奉节县53个，占总数的32.72%；云阳县50个，占总数的30.86%；另外长寿区和涪陵区共有9个。

在地貌分布上，三峡库区（重庆段）的滑坡主要分布于奉节以西的低山丘陵地貌带。滑坡所处河谷较宽，滑体以松散堆积物为主，受库水位升降影响易产生滑坡。

在地层分布上，三峡库区重庆段的滑坡主要发育在侏罗系和三叠系中上统地层中。侏罗系地层分布区域主要集中在云阳—万州段，以沙溪庙组（J_2s）和蓬莱镇组（J_3p）红层为主，该地层岩性主要为泥岩、砂质泥岩与长石石英砂岩互层，分布很广，为相对隔水层，构成易滑地层。三叠系地层分布区域主要集中在万州—奉节段，以三叠系中统巴东组（T_2b）为主。该地层范围总体上为一套泥质灰岩和泥质粉砂岩或粉砂质泥岩构成的互层地层。岩层属于相对隔水层，透水性较差。

2. 滑坡类型

根据三峡库区滑坡的物质组成及滑动面的性质可将三峡库区重庆段的滑坡分为沿岩土界面滑动的堆积层滑坡、滑带位于土体内部的堆积层滑坡和岩质滑坡三类。据统计，沿岩土界面滑动的堆积层滑坡最多，占滑坡总数的72%；滑带位于土体内部的堆积层滑坡次之，占滑坡总数的20%；岩质滑坡很少，仅占8%。

（1）堆积层（含土质）滑坡

堆积层滑坡是三峡库区重庆段主要的滑坡类型，构成该类滑坡的松散堆积物主要包括碎屑、老滑坡堆积物、崩塌堆积物等[15]。堆积层滑坡主要发育在山前及河谷两岸，受库水位升降影响，呈现出分布广、数量多、危害严重等特点。

① 沿岩土界面滑动的滑坡

沿基岩界面滑动的滑坡其滑动面为折线形。滑体物质主要为块石土、碎石土、黏土和人工填土。滑床岩性主要为泥岩、砂岩、泥灰岩、页岩和砂页岩。滑带物质多为土石界面土和黏土。

② 滑带位于土体内部的土质滑坡

该类滑坡发育于三峡库区两岸较厚的堆积层中，滑面形态一般为圆弧形或近似圆弧形。滑体、滑带和滑床均为第四系松散堆积物，主要由块石土、黏土、砂土和碎石土组成。

（2）岩质滑坡

三峡库区重庆段岩质滑坡相对较少，多发生在泥岩和泥灰岩中，地层主要以三叠系和侏罗系为主。地表附近岩体受风化剥蚀作用的影响，岩体破碎，结构面发育，易形成贯通结构面，最终形成滑坡。另外，泥灰岩可能还会有"溶蚀和泥化"过程，对滑坡变形破坏过程也起到递进式作用。

3. 滑坡特征

三峡库区重庆段的滑坡因其地质条件和地质作用的特殊性表现出一些较为明显的特征。

（1）滑面形态

据统计，三峡库区滑坡滑面形态主要分为圆弧型、折线型、平面型、复合型四类，且以圆弧形为主。土质滑坡滑面形态以圆弧型为主，占51%，其余依次为折线型占36%，平面型占12%，复合型占1%。岩质滑坡滑面形态以折线型为主，占58%，其次为圆弧型，占42%。

（2）滑坡几何形态特征

对所搜集到的资料进行统计分析，三峡库区重庆段滑坡长度平均为296.40 m，滑坡宽度平均为272.09 m，滑坡坡体厚度平均为16.57 m，滑带厚度平均为0.60 m，滑坡坡面坡度平均值为21.16°，滑坡体方量平均为243.08万立方米。通过统计，研究区的滑坡以大型滑坡为主，中型滑坡次之，特大型滑坡和小型滑坡发育较少。

（3）斜坡坡度

斜坡坡度的大小可以改变斜坡中应力的分布状态，斜坡坡度越大，坡脚剪应力越集中，坡体更容易剪切破坏形成滑坡，但是当坡角足够大时松散堆积物很难在斜坡上堆积，因此坡角大小是影响斜坡稳定性的主要因素之一。据统计，三峡库区重庆段，发育于 10°～20°斜坡中的滑坡最多，达 63 个，占总体的 39%；发育于 20°～30°斜坡中的滑坡次之，为 50 个，占总体的 31%；发育在小于 10°的斜坡中的滑坡有 31 个，占总体的 19%；坡度大于 30°的滑坡相对较少，仅占到了 10%。

4. 稳定性评价方法

滑坡的稳定性分析应采用刚体极限平衡法，对大型、复杂的滑坡可进行数值模拟专题评价。在进行滑坡稳定性计算之前，应根据滑坡水文地质和工程地质条件、岩体结构特征以及已经出现的变形破坏迹象，对滑坡的可能破坏形式和滑坡稳定性状态做出定性判断，确定滑坡破坏的边界范围、滑坡破坏的地质模型，对滑坡破坏趋势作出判断。滑坡稳定性计算方法，根据滑坡类型和可能的破坏形式，可按下列原则确定：土质滑坡和规模较大的碎裂结构岩质滑坡宜采用圆弧滑动法计算；对可能产生平面滑动的滑坡宜采用平面滑动法进行计算；对可能产生折线滑动的滑坡宜采用折线滑动法进行计算。

5. 滑坡防治措施综述

滑坡治理工程常用措施主要有截排水（地表排水、地下排水），削坡减载，回填压脚，支挡（抗滑桩、抗滑挡墙），锚固，坡面防护等。

通过对三峡库区 162 处滑坡的治理措施进行统计、总结，得到以下结论：

（1）库区内滑坡的工程治理措施以抗滑桩为主，库区内 162 个滑坡防治工程中有 109 个使用了抗滑桩，占 67%。根据滑坡条件，以抗滑桩为主的工程可辅以回填压脚或减载措施。

（2）每个滑坡均需进行截排水治理，最大程度减少水对滑坡的影响。

（3）当滑体厚度较小、推力较小（一般小于 400 kN/m）时，可采用挡土墙。

（4）对于前缘倾角较小，或有反倾段的滑坡，可采用回填压脚的方法增强滑坡稳定性。

（5）滑坡后缘如不是阻滑段，且滑体厚度较大时，可采用减载措施。

（6）如抗滑桩位置位于 175 m 高程附近，桩前的滑坡体在库水的作用下可能会产生滑移，库水的掏蚀会降低抗滑桩的作用，影响岸坡的稳定，所以抗滑工程实施后，还需要进行必要的护坡设计。

（7）库区内的猴子石滑坡采用了阻滑键，其在土质滑坡治理中尚属先例，技术新颖。经现场调查，阻滑键对猴子石滑坡的治理是有效的。

6. 施工及监测

三峡库区滑坡的施工应根据滑坡现场实际条件采取相应方法，尽量避免对滑坡过分扰动，充分考虑施工条件的方便和安全。

开展滑坡地质灾害变形动态监测，对确保人民生命财产安全、生态环境质量和促进社会、经济持续发展，具有重大意义。

锚杆、锚索的监测主要是监测其预应力损失。监测方法主要为锚索测力计，以了解预应力动态变化和锚索的长期工作性能，为工程实施提供依据。也可采用轮辐式压力传感器、钢弦式压力盒、应变式压力盒、液压式压力盒进行监测。

抗滑桩受力监测，可采用钢筋计和垂直钻孔倾斜仪监测主筋的应力变化和整个桩体的弯曲情况等。可将压力盒用于抗滑桩受力和滑带承重阻滑受力监测，以了解滑坡坡体传递给抗滑桩的压力。压力传感器依据结构和测量原理区分，类型繁多，使用中应考虑传感器的量程与精度、稳定性、抗震及抗冲击性能、密封性等因素。

挡土墙的监测主要包括受力状态监测、墙体倾斜监测、挡土墙各部分位移监测、裂缝的监测及靠近坡脚处挡土墙上的压力的监测。其检测方法同抗滑桩类似，同样可采用压力盒方法，以了解滑坡坡体传递给挡土墙的压力。当预应力锚索与挡土墙组成一个抗滑结构时，当然还应考虑预应力锚索的受力监测问题。

7. 典型实例选择

为了保证所介绍的滑坡工程实例的滑坡类型和防治措施的全面性，本书选录了人和立新村滑坡群、安渡滑坡群、黄瓜坪滑坡群、狮子包滑坡群和猴子石滑坡群 5 个滑坡工点。

人和立新滑坡群的治理采用了普通抗滑桩，该治理措施在滑坡治理中运用最为普遍，是目前滑坡治理中运用最多的支挡结构。

安渡滑坡群采用了锚拉抗滑桩，该治理方法在滑坡治理工程中运用较多。

三峡库区很多滑坡都为涉水滑坡，通常滑坡的治理和护岸相结合。黄瓜坪滑坡群由滑坡 A1 区、滑坡 A2 区和塌岸 B 区组成，治理过程不仅需要考虑后部滑坡的稳定性，还需要对前部塌岸进行预测和防护。

狮子包滑坡群在治理过程中综合运用了抗滑桩、挡土墙、格构锚固和土钉墙，其中土钉墙在滑坡治理中运用较少，主要用于滑坡推力较小的情况，可用于滑坡的综合治理。

猴子石滑坡的治理根据地形条件和施工条件采用了阻滑键，该治理措施在滑坡治理中较少利用，本书详细介绍了阻滑键在滑坡治理中的成功应用。

第 3 章　人和立新村滑坡群

三峡库区的滑坡多为滑坡群，且大多数都分布在河道两岸，滑坡的治理以抗滑桩和护坡措施相结合为主，在保证滑坡体稳定的同时，防止滑坡前缘受到冲刷、掏蚀。云阳县人和立新村滑坡是一个由多个滑体组成、在老滑坡基础上复活、上覆松散的第四系块石土沿下伏基岩面滑动的典型滑坡群。治理措施为双排桩、排水措施和护坡，该治理措施在三峡库区滑坡治理中具有代表性。

3.1　滑坡概况

人和立新村滑坡群位于云阳县新县城西北人和镇立新村，距新县城约 2 km，地处长江一级支流彭溪河右岸。地理坐标：东经 108°48′21″ ~ 108°48′45″，北纬 31°11′36″ ~ 31°11′57″；云（阳）—万（州）公路从滑坡中前部经过，交通极为方便，见交通位置图（见图 3.1）。

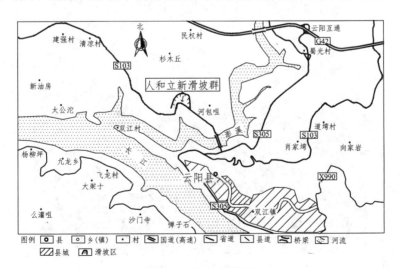

图 3.1　交通位置图

人和立新村滑坡群，包括 H1 滑坡、H2 滑坡和 H3 滑坡，H3 滑坡又进一步分为三个亚区，分别为 H3-1 滑坡区、H3-2 变形区和 H3-3 变形区，滑坡全貌图如图 3.2 所示。省道 S303 通过滑坡区，滑坡稳定与否直接危害到省道及迁建城镇的安全。

1. 气象与水文

勘查区属中亚热带湿润季风气候区。多年平均降雨量为 1 078.2 mm，多年平均日最大降雨量 191.5 mm，最大年降雨量 1 752.6 mm（1963），降雨多集中在每年的 5—9 月份，约占全年降雨量的 71%；多年平均相对湿度 76%。工作区直接涉及的水系为长江支流彭溪河。滑坡区库水位特征值参考双江镇断面回水位表，对应于坝前汛期水位 145 ~ 156 m 和 175 m 的库水位分别为 145.1 ~ 156.6 m 和 175.1 m。

2. 地质构造与地震

滑坡区所处部位为黄柏溪向斜核部，区内未见断层发育。根据《建筑抗震设计规范》（GB 50011—2001），滑坡区抗震设防烈度为 Ⅵ 度，地震动峰值加速度为 0.05g，特征周期值为 0.35 s。

3. 滑坡地形地貌

（1）H1 滑坡地形地貌

滑坡平面形态呈"舌状"，沿近南北向展布，后缘最高高程 418 m，前缘最低高程 254 m，滑体坡度 5°~ 28°。滑坡于基岩顶部剪出，前缘以下为 H2 滑坡后缘陡壁。如图 3.2 所示。

图 3.2　滑坡全貌图

（2）H2滑坡地形地貌

滑坡平面形态呈"圈椅状"，沿近南北向展布，后缘最高高程 254 m，前缘最低高程 138 m，滑体坡度 7°～32°。滑舌、鼓丘、鼓胀裂缝经后期改造已不甚明显。

（3）H3滑坡地形地貌

滑坡平面形态呈"圈椅状"，滑坡后缘高程 256 m，前缘高程 159 m，坡体坡角 8°～35°。滑坡后缘断壁清晰，断壁基岩裸露，高约 30 m。滑坡侧壁较明显，见基岩出露。

4. 滑坡空间形态

（1）滑坡边界

H1滑坡沿近南北向展布，后缘以刁家岩断壁为界，左边以后坪—邬家院子错落坎及基岩出露点为界，右边以小湾冲沟为界，前缘陈家院子基岩陡壁顶部为界。H2滑坡沿近南北向展布，后缘以陈家院子陡壁为界，左边以庙梁—庙坝基岩出露点为界，右边以小湾冲沟为界，前缘以小湾冲沟下部、彭溪河北岸基岩顶部为界。H3滑坡沿近南北向展布，后缘以沙坪—屋基北侧基岩断壁为界，左边以屋基为界，右以庙梁—庙坝为界，与H1滑坡紧接，前缘以龙井冲沟基岩顶部为界。

（2）滑面形态

三个滑坡滑面基本上均为堆积层与基岩强风化接触带，局部为土层内部相对软弱层，从剖面来看，滑面形态均为折线形。根据高密度电法反演成果及电测深解释成果，推断该滑坡体的滑动面为第四系与全风化基岩的接触面。物探成果与地面调查、勘探成果一致。

（3）滑坡规模

各滑坡规模见表3.1。

表 3.1　滑坡规模

性　质 \ 滑坡编号	H1	H2	H3-1	H3-2	H3-3
主滑方向/（°）	199	193	201	201	201
纵向平均长度/m	590	540	390	160	110
横向平均宽度/m	460	360	96	86	170
滑坡面积/（10^4 m²）	27.1	19.4	3.7	1.4	1.8
平均厚度/m	16	14	9	7	5
体积/（10^4 m³）	430.1	270.1	33.7	9.8	9.3
分　类	大型	大型	中型	小型	小型

5. 滑坡物质组成及结构特征

（1）滑体物质组成及结构特征

滑体物质组成主要为褐红色、暗褐红色、褐灰色块石土、碎石土、含碎石粉质黏土、粉质黏土等。本滑坡是在老滑坡堆积体的基础上，在一定的条件下复活，这决定了其坡体结构松散。

（2）滑带物质组成及结构特征

滑动带（面）主要依据地面调绘、钻孔中揭露层面、各土层内部相对软弱夹层以及土石界线等来综合确定。据钻探、井探、大剪试坑揭露，近基岩顶部处见一层软塑黏土，如图 3.3 所示。以此判断滑床基本上以基岩顶部为界，滑带土为软塑黏土，呈紫红色、暗紫粉质黏土或含角砾粉质黏土，可塑~软塑状，局部见镜面、擦痕，角砾具一定程度的定向排列特征，呈次棱角状。上述黏土连续性较好，从而形成一含水量高、抗剪强度（C、ϕ 值）低的软弱面（滑面）。

（3）滑床物质组成及结构特征

滑床主要为侏罗系中统上沙溪庙组三段（J_2s^3）砂质泥岩与泥岩互层或砂岩（见图 3.4），局部为密实度相对较高，透水性相对较差的含角砾粉质黏土或粉质黏土。

图 3.3　H2 滑坡前部 TJ4 内擦痕

图 3.4　滑床岩芯照片

经过现场实际测量和通过钻孔对地层分层，绘制的 H2 滑坡的主轴断面 Z5—Z5′剖面图如图 3.5 所示。

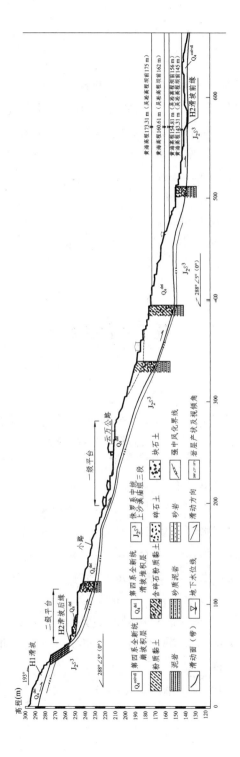

图 3.5　H2 滑坡主轴断面 Z5-Z5′剖面示意图

21

6. 滑坡水文地质

（1）滑坡水文地质条件

滑坡区地下水类型，根据地下水赋存条件分为两种类型：松散岩类孔隙水和碎屑岩类（红层基岩）裂隙水。松散岩类孔隙水，主要为崩滑堆积物中的孔隙水，根据钻孔抽水试验，渗透系数 $K = 2.12 \times 10^{-7}$ m/s。碎屑岩（红层基岩）裂隙水，该类地下水赋存于上沙溪庙组砂岩裂隙和泥岩风化裂隙中，本次勘察于 H3 滑坡龙井见 1 个常年流水的泉水（流量0.20 L/s），据调查访问，泉水流量四季不枯，温度较为稳定，丰枯流量变化 1～3 倍，大雨后略有浑浊。

（2）滑坡区环境水对混凝土材料腐蚀性分析

本次勘察取滑坡区龙井地下水、小湾冲沟地表水做水质分析，结果是：勘察区内环境水对混凝土材料无腐蚀。

3.2　稳定性分析

1. 计算工况

滑面呈折线形，故稳定计算采用折线型滑动面计算公式，剩余下滑力计算按传递系数法。本区地震烈度为Ⅵ度区，不考虑地震荷载。本次选定如下几种工况计算评价滑坡稳定性。

工况 1：自重＋地表荷载＋现状水位。

工况 2-1：自重＋地表荷载＋水库坝前 175 m＋20 年一遇暴雨（$q_{枯}$）。

工况 3-1：自重＋地表荷载＋水库坝前 162 m＋50 年一遇暴雨（$q_{全}$）。

工况 3-2：自重＋地表荷载＋水库坝前 156 m＋20 年一遇暴雨（$q_{全}$）。

工况 3-3：自重＋地表荷载＋水库坝前 145 m＋20 年一遇暴雨（$q_{全}$）。

工况 4：自重＋地表荷载＋坝前水位从 175 m 降至 145 m。

工况 5：自重＋地表荷载＋坝前水位从 175 m 降至 145 m＋20 年一遇暴雨（$q_{枯}$）。

工况 6：自重＋地表荷载＋坝前水位从 162 m 降至 145 m＋50 年一遇暴雨（$q_{全}$）。

工况 7：自重＋地表荷载＋现状水位。

工况 8：自重＋地表荷载＋20 年一遇暴雨（$q_{全}$）。

2. 计算参数

天然状态下滑体土重度取值为 21.0 kN/m³, 饱和状态下滑体土重度取值为 21.6 kN/m³, 浮容重为 11.6 kN/m³。抗剪强度指标计算参数见表 3.2。

表 3.2 滑坡抗剪强度指标

指标 项目	天然状态		饱和状态	
	C/kPa	ϕ/ (°)	C/kPa	ϕ/ (°)
H1 滑坡	12.10	10.41	9.90	8.94
H2 及 H3-1 滑坡	13.67	11.20	10.80	9.52
H3-2 及 H3-3	15.13	11.94	11.64	10.06

根据《三峡库区三期地灾防治工程设计技术要求》,因人和立新村滑坡等级为Ⅱ级,故三峡水库供、蓄期设计降雨过程为重现期 20 年一遇 5 日暴雨。

根据实物指标调查结果,采用平均分布法算建筑荷载,取值 4 kN/m²,计算出附加荷载约为 0.5 kN/m²。

3. 滑坡稳定状态

依据《三峡库区三期地质灾害防治工程地质勘察技术要求》,滑坡稳定性状态按稳定系数分四级,见表 3.3。

表 3.3 滑坡稳定状态分级

滑坡稳定性系数	$K<1.00$	$1.00<K\leq1.05$	$1.05<K\leq F_{st}$	$K\geq F_{st}$
稳定状态	不稳定	欠稳定	基本稳定	稳定

注:F_{st} 为滑坡稳定性安全系数,依据《技术要求》对本滑坡按危害性分级为Ⅱ级取值。

通过以上分析,可得出各滑坡在不同工况下的稳定状态,见表 3.4。

表 3.4 滑坡稳定状态

滑坡	H1	H2	H3-1	H3-2	H3-3
工况 1		基本稳定状态	基本稳定状态		稳定状态
工况 2-1		不稳定状态	不稳定状态		稳定状态
工况 3-1		不稳定状态			

滑坡	H1	H2	H3-1	H3-2	H3-3
工况 3-2		不稳定状态			
工况 3-3		不稳定状态			
工况 4		欠稳定状态	欠稳定状态		稳定状态
工况 5		不稳定状态	欠稳定状态		
工况 6		不稳定状态			稳定状态
工况 7	基本稳定状态			稳定状态	
工况 8	不稳定状态			欠稳定状态	

本次对滑坡整体稳定性进行计算分析，其结果与滑坡实际情况吻合。

4. 滑坡的塌岸预测

通过对区内岩土体分析，结合 H2 滑坡剖面 Z5—Z5′ 及 H3 滑坡 Z7—Z7′ 对塌岸进行预测。

根据现代长江河谷岸坡形态参数（水位以上岸坡、水位以下岸坡、水位变幅带岸坡的侵蚀性、堆积物稳定坡角统计值等）类推滑坡区库岸的最终稳定坡角：145 m 以下为 7°，145～175 m 为 10°，水上坡度取 26°。根据滑坡的岩土结构特征，本次主要采用卡丘金法进行预测。

经计算及图解，可知库水正常运行后，H2 滑坡剖面 Z5—Z5′ 塌岸宽度为 261.8 m，塌岸后缘高程为 197.8 m；H3 滑坡剖面 Z7—Z7′ 塌岸宽度为 82.8 m，塌岸后缘高程为 190.3 m。

3.3　治理设计

3.3.1　剩余推力计算

1. 设计标准

防治工程结构设计基准期为 50 年。根据《三峡库区三期地质灾害防治工程设计技术要求》的规定，本工程防治工程等级为 Ⅱ 级，防治工程设计稳定安全系数取值 1.20，水位降落工况安全系数取值 1.15。抗滑工程抗滑稳定安全系数（K_c）和抗倾覆安全系数（K_0）分别取值 1.3 和 1.6。

2. 设计工况

涉水工程防治工程设计按 175 m 库水位回落至 145 m 状态 + 20 年一遇暴雨工况下安全系数 1.15 考虑，非涉水工程防治工程设计按自重 + 20 年一遇暴雨工况下安全系数 1.15 考虑。

3. 计算参数

计算参数同滑坡稳定性分析时的计算参数。

4. 剩余推力计算

针对防治工程治理方案，选择具有典型特征的 Z2—Z2′剖面、Z5—Z5′剖面、Z7—Z7′剖面和 Z8—Z8′剖面（H3-2 滑坡段）进行推力计算分析。人和立新村滑坡滑动面为折线型，故本次采用传递系数法进行推力计算。各剖面推力计算结果见表 3.5 ~ 表 3.9。

表 3.5　Z2-Z2′剖面稳定性及推力计算表

块体编号	容重 /（kN/m³）	黏聚力 c' /kPa	内摩角 ϕ /（°）	块体面积 /m²	滑面长 L/m	滑面倾角 α /（°）	剩余推力 /（kN/m）$K = 1.15$
1	21.6	9.9	8.9	179.954	37.913	48.159	48.159
2	21.6	9.9	8.9	375.939	25.854	32.024	2 755.104
3	21.6	9.9	8.9	483.716	23.330	23.653	3 185.919
4	21.6	9.9	8.9	727.917	29.883	9.535	3 197.323
5	21.6	9.9	8.9	1 528.445	62.760	5.220	2 669.603
6	21.6	9.9	8.9	1 105.133	45.822	2.464	2 389.534
7	21.6	9.9	8.9	639.134	28.945	6.307	2 204.460
8	21.6	9.9	8.9	698.195	35.488	8.263	1 945.370
9	21.6	9.9	8.9	955.458	49.658	7.347	1 926.975
10	21.6	9.9	8.9	477.980	31.671	4.346	1 505.962
11	21.6	9.9	8.9	312.625	35.039	12.259	2 142.242
12	21.6	9.9	8.9	685.809	60.251	10.191	2 872.304
13	21.6	9.9	8.9	271.126	24.837	6.450	1 958.624
14	21.6	9.9	8.9	119.405	16.732	3.564	1 755.103
15	21.6	9.9	8.9	93.555	13.677	22.346	1 288.188
16	21.6	9.9	8.9	105.394	12.035	20.679	582.376
17	21.6	9.9	8.9	541.122	69.322	16.838	393.090
18	21.6	9.9	8.9	38.320	16.128	8.953	265.772

表 3.6 Z2—Z2′剖面（H1 前部局部次级滑坡）推力计算结果表

块体编号	容重/（kN/m³）	黏聚力 C/kPa	内摩角 ϕ/（°）	块体面积/m²	滑面长 L/m	滑面倾角 α/（°）	剩余推力/（kN/m） K = 1.15
1	21.6	9.9	8.9	65.759	18.539	25.734	154.017
2	21.6	9.9	8.9	96.405	13.627	21.830	222.664
3	21.6	9.9	8.9	107.692	12.067	21.074	474.600
4	21.6	9.9	8.9	195.307	19.533	19.170	535.461
5	21.6	9.9	8.9	212.718	23.388	15.569	511.885
6	21.6	9.9	8.9	128.857	15.611	15.549	385.084
7	21.6	9.9	8.9	66.871	11.103	17.545	117.766
8	21.6	9.9	8.9	39.496	16.106	8.431	84.388

注：H1 滑坡为非涉水滑坡。

表 3.7 Z5—Z5′剖面稳定性及推力计算表

块体编号	容重/（kN/m³）	黏聚力 C/kPa	内摩角 ϕ/（°）	块体面积/m²	滑面长 L/m	滑面倾角 α/（°）	剩余推力/（kN/m） K = 1.20
1	21.0	13.7	11.2	237.859	28.070	9.805	64.894
2	21.0	13.7	11.2	236.265	23.150	17.731	267.394
3	21.0	13.7	11.2	114.627	9.370	18.029	446.268
4	21.0	13.7	11.2	174.217	16.823	9.339	50.243
5	21.0	13.7	11.2	94.192	10.510	5.570	319.639
6	21.0	13.7	11.2	130.786	15.319	7.427	430.839
7	21.0	13.7	11.2	50.454	7.273	1.733	304.284
8	21.0	13.7	11.2	26.447	5.312	3.886	165.867
9	21.0	13.7	11.2	86.762	22.864	20.829	269.26
10	11.6	10.8	9.5	4.651	10.061	19.570	225.254
11	11.6	10.8	9.5	33.854	6.811	14.975	464.835

块体编号	容重 /（kN/m³）	黏聚力 C /kPa	内摩角 φ /（°）	块体面积 /m²	滑面长 L/m	滑面倾角 α /（°）	剩余推力 /（kN/m） K = 1.20
12	11.6	10.8	9.5	58.561	13.566	9.761	266.542
13	11.6	10.8	9.5	28.512	6.415	8.155	544.186
14	11.6	10.8	9.5	430.709	45.929	16.091	938.557
15	11.6	10.8	9.5	232.566	17.286	16.191	1 365.391
16	11.6	10.8	9.5	143.656	12.087	21.960	1 810.754
17	11.6	10.8	9.5	708.968	48.614	24.604	1 946.221
18	11.6	10.8	9.5	1 220.349	65.841	11.051	1 659.311
19	11.6	10.8	9.5	588.297	38.872	0.604	1 626.379
20	11.6	10.8	9.5	159.984	15.452	11.346	916.731
21	11.6	10.8	9.5	197.626	24.522	17.711	483.91
22	11.6	10.8	9.5	170.136	22.466	8.137	758.727
23	11.6	10.8	9.5	215.499	37.855	1.605	474.076
24	11.6	10.8	9.5	52.572	14.831	-0.695	328.278
25	11.6	10.8	9.5	10.991	6.395	-2.151	675.978

表 3.8 Z7—Z7′剖面稳定性及推力计算表

块体编号	容重 /（kN/m³）	黏聚力 C /kPa	内摩角 φ /（°）	块体面积 /m²	滑面长 L/m	滑面倾角 α /（°）	剩余推力 /（kN/m） K = 1.20
1	21.0	13.7	11.2	10.210	6.611	47.580	21.692
2	21.0	13.7	11.2	19.300	7.258	36.020	77.717
3	21.0	13.7	11.2	11.772	4.718	32.245	88.174
4	21.0	13.7	11.2	43.908	12.690	33.683	251.433
5	21.0	13.7	11.2	70.426	17.359	29.155	434.552
6	21.0	13.7	11.2	214.509	36.716	16.520	339.807

续表 3.8

块体编号	容重 / (kN/m³)	黏聚力 C /kPa	内摩角 / (°)	块体面积 /m²	滑面长 L/m	滑面倾角 α / (°)	剩余推力 / (kN/m) K = 1.20
7	21.0	13.7	11.2	121.685	13.247	25.865	421.677
8	21.0	13.7	11.2	387.793	37.121	12.792	133.447
9	21.0	13.7	11.2	152.426	15.239	15.979	18.863
10	21.0	13.7	11.2	394.172	33.137	15.704	52.671
11	21.0	13.7	11.2	158.409	16.306	18.658	209.980
12	21.0	13.7	11.2	271.666	31.715	18.816	435.367
13	11.6	10.8	9.5	341.727	40.823	9.529	295.783
14	11.6	10.8	9.5	111.685	22.040	4.562	133.764
15	11.6	10.8	9.5	199.280	55.223	1.254	244.112
16	11.6	10.8	9.5	155.619	38.036	1.048	176.851
17	11.6	10.8	9.5	64.398	21.402	3.153	139.434
18	11.6	10.8	9.5	10.406	7.078	5.090	46.363
19	11.6	10.8	9.5	7.782	17.416	3.110	26.766

表 3.9 Z8—Z8′剖面（H3-2 区）稳定性及推力计算表

块体编号	容重 / (kN/m³)	黏聚力 C /kPa	内摩角 φ / (°)	块体面积 /m²	滑面长 L/m	滑面倾角 α / (°)	剩余推力 / (kN/m) K = 1.15
1	21.6	11.6	10.1	9.964	6.419	43.839	20.260
2	21.6	11.6	10.1	15.888	5.038	39.992	128.183
3	21.6	11.6	10.1	20.637	5.918	30.673	198.249
4	21.6	11.6	10.1	108.968	17.350	20.326	384.727
5	21.6	11.6	10.1	516.460	62.965	2.391	328.761
6	21.6	11.6	10.1	148.708	19.358	12.355	155.794
7	21.6	11.6	10.1	85.730	9.647	8.128	216.986

块体编号	容重/（kN/m³）	黏聚力 C/kPa	内摩角 φ/（°）	块体面积/m²	滑面长 L/m	滑面倾角 α/（°）	剩余推力/（kN/m）K = 1.15
8	21.6	11.6	10.1	103.078	10.844	9.335	193.044
9	21.6	11.6	10.1	94.191	10.253	15.506	67.159
10	21.6	11.6	10.1	85.758	8.670	16.326	171.386
11	21.6	11.6	10.1	158.249	17.946	17.017	373.725
12	21.6	11.6	10.1	56.347	9.666	19.698	451.766
13	21.6	11.6	10.1	61.385	11.400	11.532	280.936
14	21.6	11.6	10.1	35.394	6.794	10.971	180.545
15	21.6	11.6	10.1	20.461	4.611	1.131	313.700
16	21.6	11.6	10.1	33.681	10.873	5.076	250.004
17	21.6	11.6	10.1	10.712	4.431	3.947	107.573
18	21.6	11.6	10.1	3.212	2.605	3.631	56.948

注：H3-2 变形体为非涉水工程。

3.3.2 工程布置

防治工程根据该滑坡特征、稳定性分析与推力计算结果以及施工条件等进行综合分析，确定防治工程，具体工程布置详见"工程布置总平面图"（见图 3.6）和工程布置剖面图（以 Z4—Z4′剖面为例，见图 3.7）。

（1）H1 滑坡为不涉水滑坡，本次暂不进行治理。

（2）H2 区为二级支挡，第一级支挡线（H2-KHZ1 型桩）位于 H2 滑坡区前部（即 H6 剖面下方、紧临 TJ5 上方），布置在约 170～175 m 高程范围内，以确保 H2 滑坡的整体稳定，约以钻孔 ZK32 为界分为左右两段（即 H2-KHZ1-A 和 H2-KHZ1-B）；第二级支挡线（H2-KHZ2 型桩）布置在 H2 滑坡区中后部（沿 H5 横剖面布置），约 230 m 高程处，Z5—Z5′剖面区域内，以确保 H2 区滑坡上部局部的稳定、以防止局部剪出。

（3）H3-1 区为一级支挡（H3-KHZ1 型抗滑桩）位于 H3-1 滑坡区中前部（即 H6 剖面下方、云万公路外侧），布置在约 190 m 高程。

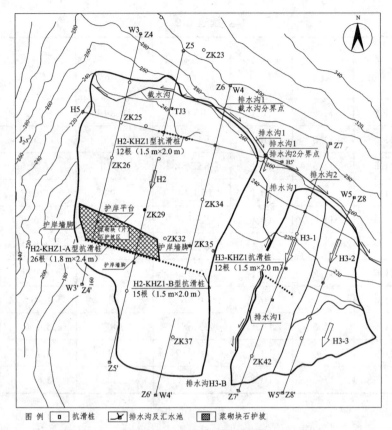

图 3.6　工程布置平面图

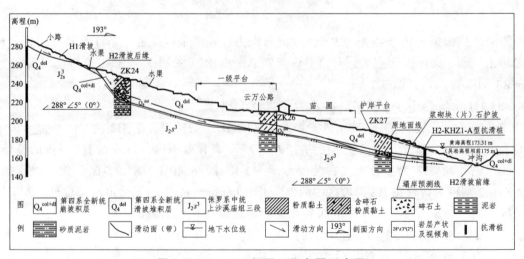

图 3.7　Z4—Z4′剖面工程布置示意图

（4）防治方案利用 H2 和 H3 滑坡区中部和边界的自然冲沟设置 2 条排水沟和 1 条截水沟，并利用滑坡区周边的横向自然冲沟和公路排水沟做为截排水沟，结合原滑坡中部和周边自然冲沟，形成完整的截排水系统，截排水沟总长约 1 272 m，为浆砌块石结构。

（5）H2 滑坡 Z5—Z5′剖面附近区域内 168～178 m 高程受库水位涨落影响的特点，对其进行浆砌块石护坡，与护坡脚墙和护坡平台相结合，防护表土的冲失，护坡面积约 11 000 m²，在护坡工程底部（即抗滑桩间）和周边设置宽 1.3 m、高 2.5 m 的浆砌块石护坡脚墙，在护坡顶部设置宽 1 m、高 1 m 的浆砌块石护坡平台，护坡脚墙长约 278 m、护坡平台长共约 182 m。

3.3.3　结构设计

1. 结构设计参数

桩身内力采用截面法分别对滑面以上及滑面以下桩体按线弹性地基梁（K 法）进行内力计算。根据《勘查报告》，抗滑桩锚固段为泥岩，地基水平弹性抗力系数 K 取值为 120 MN/m³，基底摩擦系数取值为 0.47，桩侧摩阻力为 120 kPa，地基承载力为 610 kPa，锚固段地基横向容许承载力为 1 824 kPa。

护坡脚墙地基承载力特征值为 190 kPa，基底摩擦系数为 0.32（含碎石粉质黏土）。

2. 抗滑桩设计

（1）桩型设计

H2-KHZ1 型抗滑桩位于 H2 滑坡区前部（即 H6 剖面下方、紧临 TJ5 上方），布置在 170～175 m 高程范围内，大约以钻孔 ZK32 为界分为左右两段，即 H2-KHZ1-A 和 H2-KHZ1-B。H2-KHZ1-A 采用方型桩结构，桩截面为 1.8 m×2.4 m，共 26 根，土层厚约 16 m，设计桩长为 24 m，锚固段长 8 m，锚固段地层为泥岩，中心距 6 m，为钢筋混凝土结构。H2-KHZ1-B 型桩截面为 1.5 m×2.0 m，共 15 根，土层厚约 4 m，设计桩长 8 m，锚固段长 4 m，锚固段地层为泥岩，中心距 6 m，为钢筋混凝土结构。

H2-KHZ2 型抗滑桩位于 H2 滑坡区中后部（沿 H5 横剖面布置），布置在约 230 m 高程处、Z5—Z5′剖面区域内。桩截面尺寸为 1.5 m×2.0 m，共 13 根，土层厚约 5 m，设计桩长 8 m，锚固段长 3 m，锚固段地层为泥岩，中心距 6 m，为钢筋混凝土结构。

H3-KHZ1 型抗滑桩位于 H3-1 滑坡区中前部（即 H6 剖面下方、云万公路外侧），布置在约 190 m 高程，桩截面为 1.5 m×2.0 m，共 12 根，土层厚约 10 m，设计桩长 16 m，锚固段长 6 m，锚固段地层为泥岩，中心距 6 m，为钢筋混凝土结构。各类型抗滑桩主要参数见表 3.10。

表 3.10　抗滑桩主要参数一览表

桩型	桩断面 /m×m	土层厚 /m	桩长 /m	锚固段段长 /m	中心距 /m	数量根	混凝土强度	分布高程 /m	抗滑桩位剩余下滑力 /（kN/m）	抗滑桩前抗力/ （kN/m）
H2-KHZ1-A	1.8×2.4	16	24	8	6	26	C₃₀	170～175	1 730.022	340.152
H2-KHZ1-B	1.5×2.0	4	8	4	6	15	C₃₀		879.513	45.938
H2-KHZ2	1.5×2.0	5	8	3	6	13	C₃₀	230	418.312	0
H3-KHZ1	1.5×2.0	10	16	6	6	12	C₃₀	190	1 382.792	58.614

（2）结构设计

在对抗滑桩内力分析的基础上，按矩形截面受弯构件双向不对称配筋进行结构设计，混凝土设计强度为 C30。

3. 抗滑挡土墙设计

按照《建筑边坡工程技术规范》（GB 50330—2002）进行抗滑、抗倾覆及地基承载力验算，设计推力按推力计算大值进行挡墙稳定性验算，挡土墙前部不计被动土压力，挡土墙结构设计参数与验算结果见表 3.11。

表 3.11　挡土墙结构设计参数与验算结果

断面尺寸/m				设计推力 /（kN/m）	推力与水平夹角 /（°）	稳定系数			最大压应力 /kPa	地基承载力 /kPa
b_1	h_1	b	h			抗滑	地基土层水平向抗滑	抗倾		
1.0	1.0	0.8	6.0	84.38	8.431	4.494	1.439	1.832	181.345	610

4. 地表排水系统设计

防治方案拟利用滑坡中部和边界的自然冲沟设置 7 条排水沟和 2 条截水沟，并利用滑坡区周边的横向自然冲沟和公路排水沟做为截水沟，使新修排水沟与原滑坡内部和周边众多截排水沟形成完整的截排水系统。排水沟为浆砌块石结构。排水沟设计参数见表 3.12。

表 3.12　排水沟设计参数表

种类	长度/m	汇水面积/（km²）	汇水流量/（m³/s）	排水流量/（m³/s）	横断面尺寸			平均流速/（m/s）
					底宽/m	水深/m	沟深/m	
截水沟	303	1.82	2.54	2.93	1.0	0.6	1.0	1.78
排水沟 1	551	1.16	1.76	2.40	0.6	0.5	0.6	4.80
排水沟 2	418	0.86	2.05	2.40	0.6	0.5	0.6	2.09

5．护坡设计

针对 H2 滑坡 Z4—Z4′和 Z5—Z5′剖面区域内（H2 滑坡西侧）168～178 m 高程受库水位涨落影响的特点，设计对其进行浆砌块（片）石护坡，与抗滑桩联系梁结构相结合，防护表土的冲失。护坡面积约 11 000 m²，坡率约 1∶2.5～1∶5。

浆砌块石护坡区先顺地形线从上至下进行剖面整形，整形后的坡面应平整，然后铺垫 15 cm 砂卵石作为反滤层，再砌筑厚 30 cm 的 MU30 块石层，块石块径不小于 20 cm，为新鲜硬质毛石。砂浆为 M7.5。砌筑过程中，按 3 m×3 m 梅花型留置泄水孔，外斜 5%～8%，孔眼直径 100 mm。横、纵向每隔 15 m 设置伸缩缝，缝宽 20 mm，缝内填塞沥青木板或沥青麻筋，填塞深度应大于 150 mm。

在护坡工程底部（即 H2-KHZ1-A 抗滑桩间）和周边设置宽 1.3 m、高 2.5 m 的浆砌块石全埋式护坡脚墙，在护坡顶部设置宽 1 m、高 1 m 的浆砌块石护坡平台，护坡脚墙长约 278 m、护坡平台长共约 182 m。砂浆采用 M10 砂浆，块（条）石用 MU30 新鲜硬质毛石。护坡区和护岸墙当采用黏性土作为填料时，宜掺入适量的块碎石。

3.4　施工及监测

3.4.1　施工工艺

本工程挖孔采取人工开挖及风镐剥削方式相结合的开挖方案，即对土层及碎石土采用人工掏挖，基岩用风镐剥削，再进行人工清除、修整。

3.4.2　监　测

监测工程设计采用以库水位水文监测、滑坡地下水位监测、大气降水监测所组成的滑坡影响因素监测；以地面大地形变监测、防治工程地表形变监测、地下钻孔倾斜仪监测、地面巡视宏观监测所组成的滑坡及防治工程形变监测所组成的监测系统。

监测工程布置如图 3.8 所示。

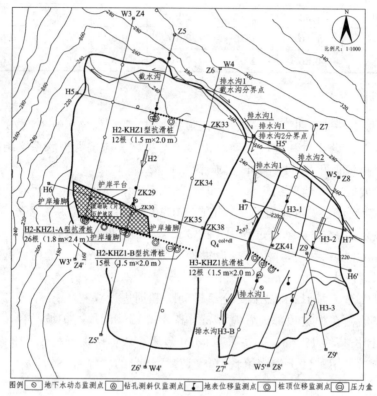

图 3.8 监测平面布置图

（1）大气降雨监测

充分利用云阳县气象局设置的气象监测点，进行降雨量、降雨强度、温度、湿度及蒸发量等观测。

（2）长江水文及库水位监测

为掌握滑坡区变形及防治工程应力应变与长江水文及库水位波动的关系，利用云阳县长江水文观测站资料，分析长江云阳县人和立新村滑坡段水位、流量、枯洪水位历时曲线，及其与滑坡内地下水动态相关性，分析长江水位变化，研究其对滑坡稳定性和滑坡再造的影响。

（3）地下水动态监测

为掌握测区地下水的变化规律，特别在库区蓄水后的变化，于人和立新村滑坡 Z5-Z5′

剖面和 Z7—Z7′剖面高程 180 m 分别设置 1 个地下水位长期观测钻孔，孔内安装自动水位监测仪，观测滑坡、滑坡边坡中地下水位动态变化与长江水位关系。

（4）大地形变监测

滑坡区布设大地形变监测网，H2 布设 1 条视准线和 2 个变形点，H3-1 由 2 个变形点组成，H3-2 和 H3-3 各由 1 个变形点组成。整体滑坡共 4 个基准点。

（5）钻孔测斜仪监测

为全面了解滑坡体深部位移变化，于 H2 区 180 m 及 H3-1 区 180 m 布设钻孔倾斜仪监测孔共 2 个，采用 CX 垂直钻孔测斜仪进行监测，与大地形变监测构成立体监测网络，全面开展变形监测。

（6）地面形变宏观巡视监测

地面形变巡视监测采用常规地质调查方法进行，调查的内容主要为地面开裂下沉、滑移、坍塌等地面形变的位置、方向、规律、变形量及发生时间，人类工程活动影响、建筑物及防治工程破坏情况等。

（7）抗滑桩应力应变监测

为对比抗滑桩在回水前后的应力分布变化，于抗滑桩前后布设 GYH 压力盒监测点5 个。

（8）抗滑桩桩顶位移监测

为了解抗滑桩的桩顶和桩间挡墙顶的位移变形情况，于抗滑桩顶布置 9 个位移变形监测点。

3.5　工程治理效果

该工程由抗滑桩、块石护坡及排水沟工程组成。2006 年 6 月开工，于 2006 年 12月竣工。

为评价工程治理效果，2014 年对人和立新村滑坡现状进行调查。图 3.9 为滑坡现状图，与图 3.2 相比，滑坡体上植被茂密，建筑物也增多。

H2 滑坡采用双排桩治理，桩的位置分别位于 H2 滑坡的前缘和中后部，前缘抗滑桩桩顶以上坡面采用块石护坡。水库坝前水位抬升，因此前缘抗滑桩被库水淹没，部分护坡也位于水下，如图 3.10 所示。

图 3.9　滑坡现状全貌图

　　治理滑坡的抗滑桩、浆砌块石护坡及排水沟未发生变形；调查滑体上房屋及前缘公路，走访当地居民，得知滑坡体上建筑物及公路也未发生变形。该滑坡采用的治理措施合理，治理效果良好。

图 3.10　滑坡前缘浆砌块石护坡

第4章 安渡滑坡群

奉节县安渡滑坡群，为一三峡库区典型的上覆松散的第四系块石土沿下伏基岩面滑动的滑坡群。滑坡群位于奉节县夔门大桥南桥头，夔门大桥 $3^\#$ 主塔墩、$4^\#$ 和 $5^\#$ 辅塔墩位于滑坡体上。滑坡的稳定性直接影响到大桥的安全。结合地形、地质条件和推力计算结果，对该滑坡群采取的治理措施包括清除较陡边坡上的滑坡体加锚杆喷射混凝土，桥头位置及引道靠近长江一侧设置抗滑桩，靠近山体侧引道边设置预应力锚索框架梁格构植草护坡，并依据地势设置排水沟。

4.1 滑坡概况

安渡滑坡群位于奉节县永乐镇安渡村，长江南岸。滑坡中心点坐标：东经 $109°29'03''$，北纬 $31°01'5.7''$。交通位置如图 4.1 所示。

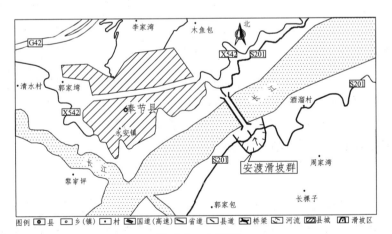

图 4.1 交通图

安渡滑坡群，包括南桥头滑坡、郑家门口滑坡、郑家门口下滑坡、水井湾滑坡、上河包滑坡、上河包新滑坡。受三峡库水影响的有南桥头滑坡下滑体、郑家门口下滑坡、上河包滑坡、上河包新滑坡，现郑家门口下滑坡已被全淹，南桥头滑坡下滑体及上河包滑坡大部被淹。滑坡全貌图如图 4.2 所示。

图 4.2 滑坡全貌图

1. 气象与水文

奉节县境均属中纬度亚热带暖湿东南季风气候区。多年平均降雨量由渝鄂交界处的 2 000～2 100 mm 及北部边缘的 1 500～1 600 mm 向长江河谷渐低为 1 100 mm 左右，其中 3—8 月降雨量占全年的 68% 以上，最大 3 日降雨量为 200～350 mm，最大 24 小时降雨量 80～120 mm。

据长江水利委员会重庆水文总站奉节水文站观测资料，长江多年平均流量 13 700 m³/s，径流量 4 335 亿立方米，最高洪水位 146.9 m（1870），最低枯水位 75.01 m，最大水位变幅达 54.89 m。

2. 地质构造与地震

朱衣倒转背斜是工程区及其周缘地区的主控构造，受其影响，坡体岩层次级褶皱发育，并伴生有断层、裂隙及层间错动带等构造形迹。

根据中国地震局 1∶400 万《中国地震动参数区划图》（GB 18306—2001），工程区地震动峰值加速度为 0.05g，地震动反应谱特征周期为 0.35 s。

3. 滑坡地形地貌

（1）南桥头滑坡平面上总体呈"酒葫芦"状，后缘具明显圈椅形态，局部跌坎高达 3～4 m。按发生的先后顺序可以划分为上下两个滑体。下滑体前缘高程 92 m，后缘高程 179 m，无名沟从滑体靠东部位切过滑体；上滑体前缘高程 164 m，部分将下滑体后缘覆盖，后缘高程 284 m，形态相对狭长，似倒扣的玻璃杯。上滑体在 175 m 高程左右压在下滑体后缘，上滑体平均坡度 36°，下滑体平均坡度 28°，其中滑体前缘地形相对平缓，地形坡度 20°。

（2）郑家门口滑坡。

郑家门口滑坡平面似"古钟"形，前缘高程190 m，后缘高程297 m，东西宽150～200 m，南北长约200 m，滑体东侧冲沟与西侧凹槽在滑体后缘交汇，滑体中部偏下即高程220～230 m地形较平缓，平均坡角10°～15°，平台前后缘地形均明显变陡，平均坡角30°～35°，平台前缘隆起形成鼓丘，平均坡角达40°～45°。

（3）水井湾滑坡。

水井湾滑坡平面不规则，东侧前缘高程197 m，西侧前缘高程213 m，后缘高程262 m，东西宽60～160 m，南北长约40～80 m，高程235 m以下平均坡角40°左右，以上平均坡角30°左右，平均地形坡角约35°，滑体东部高程210～220 m，地形较平缓，平均坡角10～15°。滑体中下部已被当地居民开垦为坎状旱地。

（4）上河包新滑坡。

上河包新滑坡平面不规则，前缘高程166 m，后缘高程235 m，东西宽16～34 m，南北长约105 m，高程197 m以下平均坡角25°左右，以上平均坡角45°左右。

4. 滑坡空间形态

（1）南桥头滑坡

滑坡体形态保持较完整，滑体后缘陡坡地形明显，滑体东西两侧均出露基岩，大桥施工公路开挖揭露滑体与基岩分界明显。上滑体高程240 m以上被一表层为崩坡积物覆盖的基岩脊将郑家门口滑坡明显隔开，高程240 m以下滑体与郑家门口滑坡相汇合，两滑坡以无名沟为界；下滑体在无名沟东侧与基岩有明显的分界线。开挖3#主桥墩基础揭露滑坡前缘剪出口特征十分明显。3#主桥墩位于滑体前缘剪出口之下部位，4#桥台和5#桥台位于滑体中部地段（即上滑体下部）。南桥头滑坡滑体总面积3.71×10^4 m^2，总体积48.5×10^4 m^3。其中南桥头下滑体，面积2.1×10^4 m^2，体积2.17×10^5 m^3；上滑体分布面积1.61×10^4 m^2，体积2.68×10^5 m^3。

（2）郑家门口滑坡

郑家门口滑坡位于大桥以东，西起无名沟（西侧缘距桥轴线78 m），东至水井湾沟，平面上呈"古钟"形，前缘高程190 m，后缘高程297 m，平均厚度约24 m，最厚达34.2 m，面积2.04×10^4 m^2，体积约48×10^4 m^3，西侧与南桥头滑坡相汇合。

（3）水井湾滑坡

水井湾滑坡位于水井湾沟以东，平面上呈"斜长条"形，前缘高程197 m，后缘高程262 m，平均厚度约15 m，最厚达19.6 m，面积1.02×10^4 m^2，体积约1.5×10^5 m^3，东侧下部覆盖于上河包滑坡上。

（4）上河包新滑坡

上河包新滑坡位于水井湾滑坡东侧下部，覆盖于上河包滑坡上，平面上呈不规则"斜长条"形，前缘高程 166 m，后缘高程 235 m，平均厚度约 5 m，最厚达 9 m，面积 3.13×10^5 m^2，体积约 1.55×10^4 m^3。

5. 滑坡物质组成及结构特征

由于滑体的成因及物质组成差异使之具成层性，各滑坡分述如下：

（1）南桥头滑坡

滑体自上（地表）而下可分三层，第三层：黏土夹碎石层；第二层：巴东组第三段泥灰岩、含泥灰岩碎块石夹土及碎块石土；第一层：巴东组第三地段黏土岩、粉砂质黏土岩及泥质粉砂岩碎块石夹土及碎块石土。

滑带：为碎石碎屑土组成，碎石碎屑的成分多为粉砂岩、黏土岩组成，碎石经滑坡碾压具有较好的磨圆，滑带土中多见光面，该层钻孔揭露厚度 0.2 ~ 2.62 m。

滑床基岩主要为巴东组第二段（T_2b^2）紫红色黏土岩、黏土质粉砂岩，高程 230 m 以上部分为巴东组第三段（T_2b^3）泥质灰岩、泥灰岩，呈逆向坡，倾角 23° ~ 40°。滑床表层一般有厚 5.5 ~ 16 m 的挤压牵动破碎带，岩体十分破碎，强烈风化，部分已呈土状。牵动带以下基岩岩体相对较完整。

（2）郑家门口滑坡

滑体物质结构自上而下可分为三层，第三层：含碎石粉质黏土、土夹块石碎石层，不连续分布于滑坡表部，厚 1 ~ 7.5 m。结构较松散。第二层：块石、碎石夹土、碎石土及碎块石土层，分布连续，碎块石成分主要为 T_2b^3 的泥质灰岩、泥灰岩，钻孔揭露厚度 2.8 ~ 27.9 m，结构结构较松散。第一层：块石、碎块石夹土及碎石土层。钻孔揭露厚度 8.3 ~ 18.29 m，碎块石成分为 T_2b^2 的黏土岩、粉砂质黏土岩及泥质粉砂岩，结构稍密。

滑带：位于滑体的最底部，为含黏性土砾砂、含砾碎粉质黏土及碎石土，厚 0.3 ~ 1.97 m 不等，分布不连续，如图 4.3 所示。

图 4.3　郑家门口滑坡滑带土

滑床基岩主要为巴东组第二段（T_2b^2）紫红色黏土岩、粉砂质黏土岩及泥质粉砂岩，高程 230 m 以上部分为巴东组第三段（T_2b^3）泥质灰岩、泥灰岩，呈逆向坡，倾角 23°~40°。受滑动牵引的影响近滑带岩体相对破碎且多呈强风化状。

图 4.4 为郑家门口滑坡 ADZ1 工程地质剖面图。

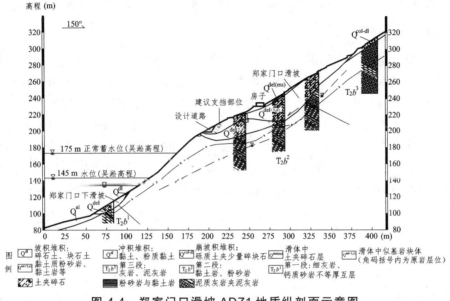

图 4.4　郑家门口滑坡 ADZ1 地质纵剖面示意图

（3）水井湾滑坡

滑体物质结构较自上而下可分为三层。第三层：含碎石粉质黏土、土夹块石碎石层，不连续分布于滑坡表部，厚 1~7.5 m。结构较松散。第二层：块石、碎石夹土、碎石土及碎块石土层，分布连续，碎块石成分主要为 T_2b^3 的泥质灰岩、泥灰岩，钻孔揭露厚度 2.8~27.9 m，结构稍密。第一层：块石、碎块石夹土及碎石土层。钻孔揭露厚度 8.3~18.29 m，碎块石成分为 T_2b^2 的黏土岩、粉砂质黏土岩及泥质粉砂岩，结构稍密。

滑带：灰黄色及紫红色含黏性土砾砂、含砾碎石粉质黏土及灰黄色碎石土，厚度 1~2.1 m 不等，分布不连续。

滑床基岩主要为巴东组第二段（T_2b^2）紫红色黏土岩、粉砂质黏土岩及泥质粉砂岩，高程 240 m 高程以上部分为巴东组第三段（T_2b^3）泥质灰岩、泥灰岩，呈逆向坡。受滑动牵引的影响近滑带岩体相对破碎且多呈强风化状。滑床近后部坡度 70°~75°，中部滑床坡度 25°~30°，前缘稍缓坡角 15°~20°。横向上滑坡中部切割稍深，两侧较浅。

（4）上河包新滑坡

滑体物质结构自上而下可分为两层。第二层：块石、碎石夹土、碎石土及碎块石土层，分布连续，碎块石成分主要为（T_2b^3）的泥质灰岩、泥灰岩，钻孔揭露厚度 5.5 m，结构稍密。第一层：块石、碎块石夹土及碎石土层。钻孔揭露厚度 13 m，碎块石成分为（T_2b^2）的黏土岩、粉砂质黏土岩及泥质粉砂岩，结构稍密，为上河包滑体物质。

6. 滑坡水文地质

滑坡区堆积物与基岩之间因成分、结构的不同而构成多个含水单元，其中黏土岩、页岩及滑带为相对隔水层，灰岩、砂岩和滑体内部的块体架空带为富水岩组，泥质灰岩、泥灰岩及第四系堆积层为弱含水岩组。钻孔终孔水位均在滑带以下，除郑家门口滑坡东侧缘及水井湾滑坡前缘有泉水点出露外，其余部位未见地下水出露，表明滑体中地下水不丰富，主要在降雨后以渗水的方式排泄。根据滑坡各土石层的物质成分对钻孔注水试验成果进行了分类统计，求出了各类土层渗透系数的平均值、小值平均值与大值平均值，并将小值平均值~大值平均值的范围作为碎石土渗透系数的地质建议值，建议值见表 4.1。

表 4.1　各土石层渗透系数建议值表

土石层名称	试验值 $K/$（cm/s）	建议值 $K/$（cm/s）
	小值平均值~大值平均值（试验段数） 平均值	
表层黏土夹碎块块石		$1 \times 10^{-5} \sim 1 \times 10^{-4}$
土夹碎块石	$1.12 \times 10^{-4} \sim 2.22 \times 10^{-4}$ 1.68×10^{-4}（2）	1×10^{-4}
碎石土~碎块石夹土	$1.29 \times 10^{-4} \sim 2.26 \times 10^{-3}$ 1.20×10^{-3}（8）	$1.29 \times 10^{-4} \sim 1.20 \times 10^{-3}$

从表 4.1 可知，滑坡体表层黏土夹碎块石层为微透水层，土夹碎块石层为弱透水层，碎石土—碎块石夹土为弱透水—透水层。

据前期勘察成果，地表、地下水水质类型均为 HCO_3—$Ca \cdot Mg$，属中—弱碱性中硬水，对混凝土无侵蚀性。

4.2　稳定性分析

1. 计算工况

1）南桥头滑坡

依据《建筑地基基础设计规范》（GBJ 7—89），参照《防洪标准》（GB 50201—94），《堤防工程设计规范》（GB 50286—89）等规范，综合考虑南桥头滑坡的规模、治理工程的重要性及失事后的影响程度等因素，类比其他工程，确定南桥头滑坡在 4# 墩（高程 177 m）和 5# 墩处的治理工程等级为 1 级，安全系数 F_{st} 基本组合工况为 1.25，校核工况为 1.15；非桥台（即护岸部位）治理工程等级为 2 级，安全系数 F_{st} 基本组合工况为 1.15，校核工况为 1.05。

（1）基本荷载

滑体自重：滑体的自重是滑坡稳定性计算中的主要荷载。

建筑荷载：由于南岸没有高层建筑，全部为民房；正在修建中的大桥桥墩已穿过滑体进入基岩，故不考虑建筑荷载。

库水位荷载：按相应库水位计算。在库水位骤降时，滑体地下水位以 1 m/d 的速度下降。

地震荷载：依据中国地震动峰值加速度区划图（2001 年，1：400 万），本区地震动峰值加速度为 0.05g。综合水库诱发地震的有关特点，确定计算地震峰值加速度取值为 0.05g。

暴雨荷载：暴雨荷载影响复核。因在滑坡治理时，对暴雨的影响主要采取截、防、排等措施进行预防，所以计算中暴雨荷载仅取滑体地下水位较暴雨前上升 0.1 倍滑体厚度。

（2）计算工况及荷载组合

基本组合工况：

工况 1：滑体自然状态。

工况 2：滑体自然状态 + 暴雨。

工况 3：自重 + 坝前 135 m 正常蓄水位。

工况 4：自重 + 坝前 145 m 正常蓄水位。

工况 5：自重 + 坝前 156 m 正常蓄水位。

工况 6：自重 + 坝前 175 m 正常蓄水位；

工况 7：自重 + 坝前水位 156 m 降至 135 m。

工况 8：自重 + 坝前水位 175 m 降至 145 m。

工况 9：自重 + 坝前 175 m 正常蓄水位 + 暴雨。

校核工况：工况 8（或上述最差工况）+ 暴雨 + 地震。

由于暴雨主要集中于 6—10 月份，而此时水库水位均处于防洪限制水位线（145 m 水位）附近，加之滑坡治理工程多已考虑了地表、地下排水系统，因此，暴雨的组合工况往往不是最差工况，上面提到的校核工况其发生概率很小。

2）郑家门口滑坡、水井湾滑坡及上河包滑坡

采用综合野外与室内分析的滑面即软弱面来计算，滑面呈折线形，故稳定计算采用折线形滑动面计算公式，剩余下滑力计算按传递系数法。本区地震烈度为Ⅵ度，不考虑地震荷载。

（1）建筑荷载：滑坡区建筑物较少，且多为低矮民房，后期亦未规划建筑用地，因此在滑坡稳定性计算中不考虑建筑物荷载。

（2）计算水位：暴雨状态下地下水位以 20 年一遇（设计）和 50 年一遇（校核）暴雨时地下水位作为暴雨状态计算水位。计算中暴雨荷载工况以滑带土作为相对隔水层，地下水位线取滑体较暴雨前上升 0.05～0.1 倍滑体厚度，且滑坡体中前部滑床稍缓区为富水区。

（3）计算工况及荷载组合。

经以上分析综合本滑坡特征及其各种荷载情况，本次选定如下几种工况计算评价滑坡稳定性，见表 4.2。

表 4.2　计算工况及荷载组合

涉水条件	工　况	影响因素	荷载组合
涉　水	工况 1	自然状态＋5 年一遇暴雨或久雨＋156 m 库水位	自重＋建筑荷载＋地下水＋库水荷载
	工况 2	自然状态＋5 年一遇暴雨或久雨＋175 m 库水位	自重＋建筑荷载＋地下水＋库水荷载
	工况 4（设计工况）	自然状态＋5 年一遇暴雨或久雨＋175 m→145 m 水位	自重＋建筑荷载＋地下水＋库水位下降产生的荷载
	工况 5（校核工况）	自然状态＋50 年一遇暴雨或久雨＋175 m→145 m 水位	自重＋建筑荷载＋地下水＋库水位下降产生的荷载
不涉水	工况 7	自然状态＋5 年一遇暴雨或久雨	自重＋建筑荷载＋地下水
	工况 8（设计工况）	自然状态＋20 年一遇暴雨或久雨	自重＋建筑荷载＋地下水

2. 滑坡稳定状态分级

滑坡稳定状态分级见表 4.3。

表 4.3　滑坡稳定状态分级表

滑坡稳定系数 F_s	$F_s<1.00$	$1.00<F_s\leq1.05$	$1.05<F_s\leq F_{st}$	$F_s\geq F_{st}$
稳定状态	不稳定	欠稳定	基本稳定	稳定

注：F_{st} 为滑坡稳定性安全系数。

3. 稳定性计算结果及稳定状态

各滑坡稳定性计算结果及稳定状态见表 4.4～表 4.7。

表 4.4 南桥头滑坡整体稳定性计算成果表

计算工况	稳定系数（F_s）					
剖面	NZ2 整体	NZ2 下滑体	NZ2 上滑体	NZ3 整体	NZ3 下滑体	NZ3 上滑体
参数	上、下滑体分别给值	$C=20\,kPa/15\,kPa$ $\phi=23°/21°$	$C=20\,kPa/15\,kPa$ $\phi=24°/22°$	上、下滑体分别给值	$C=20\,kPa/15\,kPa$ $\phi=23°/21°$	$C=20\,kPa/15\,kPa$ $\phi=24°/22°$
工况 1	1.02/1.01	1.16/1.11	1.01	1.04	1.06	1.03
工况 2	0.98/0.97	1.09	0.98	1.01	1.03	1.00
工况 3	0.99	1.05		0.90	0.89	
工况 5	0.99	1.10		0.92	0.91	
工况 6	0.97	1.03	0.96	0.99	1.01	0.98
工况 7	0.97	0.97		0.76	0.75	
工况 8	0.95	0.91		0.82	0.81	0.94
工况 9	0.94	1.02	0.94	0.98	1.01	0.94
校核	0.90	0.87	0.91	0.78	0.78	0.93

注：ϕ 值 23.0°/21.0° 中 23.0° 为库水位以上滑带 ϕ 值，21.0° 为库水位以下 ϕ 值；C 值 20 kPa/15 kPa 中的 20 kPa 为库水位以上滑带 C 值，15 kPa 为库水位以下滑带 C 值。

表 4.5 郑家门口滑坡稳定性计算成果表

计算剖面	计算参数			$C=20\,kPa/15\,kPa$（水上/水下）$\phi=24°/22°$（水上/水下）$\gamma=22.0$（kN/m^3）/22.5（kN/m^3）（天然/饱和）		
	工况 7			工况 8		
	稳定系数	稳定状态评价	前缘剪出口推力/（kN/m）	稳定系数	稳定状态评价	前缘剪出口推力/（kN/m）
NZ5 剖面	1.199 3	基本稳定	28	1.070 7	基本稳定	1 312
ADZ1 剖面	1.200 9	稳定	6.242	1.080 3	基本稳定	1 448
ADZ2 剖面	1.157 8	基本稳定	443	1.062 5	基本稳定	940

表 4.6　水井湾滑坡稳定性计算成果表

计算剖面	计算参数			$C = 20$ kPa/15 kPa（水上/水下） $\phi = 24°/22°$（水上/水下）		
				$\gamma = 22.0$（kN/m³）/22.5（kN/m³） （天然/饱和）		
	工况 7			工况 8		
	稳定系数	稳定状态评价	前缘剪出口推力/（kN/m）	稳定系数	稳定状态评价	前缘剪出口推力/（kN/m）
ADZ3 剖面	1.084 9	基本稳定	1 278	1.024 0	欠稳定	1 410
ADZ4 剖面	1.002 7	欠稳定	1 098	0.945 1	不稳定	1 190
ADZ5 剖面	1.056 4	基本稳定	216	0.916 7	不稳定	373

注：2004 年 7 月暴雨期间 ADZ3 剖面东侧滑坡体前部出现滑塌，现后部仍在强烈变形中。

表 4.7　上河包新滑坡稳定性计算成果表

计算剖面	计算参数											$\gamma = 22.0$ kN/m³/22.5 kN/m³（天然/饱和）		
												$C = 20$ kPa/15 kPa（水上/水下）		
												$\phi = 24°/22°$（水上/水下）		
	工况 1			工况 2			工况 4			工况 5					
	稳定系数	稳定状态评价	前缘剪出口推力/（kN/m）	稳定系数	稳定状态评价	前缘剪出口推力/（kN/m）	稳定系数	稳定状态评价	前缘剪出口推力/（kN/m）	稳定系数	稳定状态评价	前缘剪出口推力/（kN/m）			
ADZ4 剖面	1.172 3	基本稳定	144	1.118 0	基本稳定	392	1.132 2	基本稳定	104	1.088 5	基本稳定	304			

　　大桥引道通过滑坡区，部分为路堤，部分为路堑。由于路堤低矮，规模小对滑坡影响较小；路堑开挖对滑坡体的影响较大，其中 ADZ1、ADZ5 剖面涉及此工况，计算结果见表 4.8。

46

表 4.8　预计引道开挖后受影响滑坡的稳定性计算成果表

计 算 剖 面	计算参数	$\gamma = 22.0\ \text{kN/m}^3/22.5\ \text{kN/m}^3$（天然/饱和）					
		$C = 20\ \text{kPa}/15\ \text{kPa}$（水上/水下）					
		$\phi = 24°/22°$（水上/水下）					
		工况 7 + 开挖			工况 8 + 开挖		
		稳定系数	稳定状态评价	前缘剪出口推力/（kN/m）	稳定系数	稳定状态评价	前缘剪出口推力/（kN/m）
郑家门口 ADZ1 剖面		1.168 1	基本稳定	651	1.053 8	基本稳定	2 013
水井湾 ADZ5 剖面		0.992 7	不稳定	288	0.878 8	不稳定	403

从滑坡的稳定性计算结果可知：

（1）南桥头滑坡：在自然状态下，滑坡整体现状稳定系数 F_s 在 1.02 ~ 1.04，其中剖面 NZ2 滑坡整体稳定性较剖面 NZ3 要差一些，这与目前大桥的开挖有关；在库水位上升过程中，NZ3 剖面滑体受库水位影响稳定系数 F_s 迅速下降，至 135 m 水位时，滑坡稳定系数 F_s 仅为 0.90，滑坡已处于不稳定状态，而此时 NZ2 剖面计算稳定系数 F_s 仍为 0.99，滑体仍处于极限平衡状态；在库水骤降工况时滑坡的稳定系数为 0.82 ~ 0.97，滑坡将会出现大范围的解体失稳，威胁长江大桥的安全。

（2）郑家门口滑坡：在天然状态下及设计 20 年一遇暴雨状态下郑家门口滑坡均处于基本稳定状态。公路开挖后郑家门口滑坡在天然状态下及设计 20 年一遇暴雨状态下均处于基本稳定状态。

（3）水井湾滑坡：天然状态下处于欠稳定状态，设计 20 年一遇暴雨状态下处于不稳定状态；上河包新滑坡为涉水滑坡，在各计算工况下均处于基本稳定状态。引道开挖后水井湾滑坡在天然状态下及设计 20 年一遇暴雨状态下处于不稳定状态。

4.3　治理设计

根据滑坡稳定性分析评价，郑家门口滑坡、水井湾滑坡在暴雨工况下，南桥头滑坡在水位骤降工况下，其稳定性不能满足设计要求，且长江大桥引道规划从滑坡前缘通过，公路的开挖将降低该滑坡的稳定性，从而出现不稳定情况；上河包新滑坡因其下伏上河包滑坡大部分在 140 m 水位以下，其整体稳定性较差。若滑坡失稳必然威胁到奉节长江大桥引道和滑坡体范围内居民生命财产安全，从而影响南北交通、危及过往船只安全，因此必须采取相应的工程措施进行治理。

4.3.1　工程布置

通过对各种滑坡治理工程措施的适宜性分析，结合滑坡体的实际情况，对安渡滑坡群各滑坡的治理措施采取清除滑坡体、锚拉抗滑桩、锚杆喷射混凝土、预应力锚索框架梁格构植草护坡、排水工程以及安全监测。工程平面布置图如图 4.5 所示。

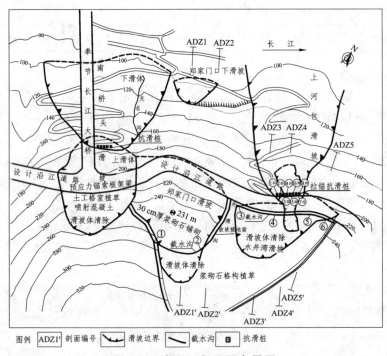

图 4.5　治理工程平面布置图

各滑坡的具体治理措施分述如下：

1. 南桥头滑坡

南桥头滑坡上滑体按照人工边坡进行设计治理，治理措施为按照设计坡形和坡率清除滑坡体、喷锚支护、地表排水，图 4.6 为上滑体治理工程剖面图。下滑体治理措施为抗滑桩。

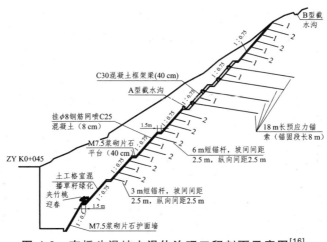

图 4.6　南桥头滑坡上滑体治理工程剖面示意图[16]

2. 郑家门口滑坡

该滑坡由于大桥引道由其下缘通过，大桥引道上侧有部分民房，根据滑坡推力计算结果，在不影响大桥引道和民房的情况下，确定将 231 m 高程以上的滑坡体清除。

滑坡体清除后，231 m 高程平台用 30 cm 浆砌石铺砌，以防止地表水流入剩余滑坡体内。开挖边坡范围外缘设置 M7.5 浆砌石截水沟，以防止坡面水汇入滑坡体中。截水沟采用梯形截面，断面尺寸 0.4 m × 0.4 m。

此外，考虑到滑坡清除后，滑坡后缘边坡较陡，设计对 231 m 高程以上按照 1 : 1.25 边坡进行削坡，坡面采用浆砌石格构植草进行防护。

3. 水井湾滑坡及上河包新滑坡

水井湾滑坡与上河包滑坡上下相连，大桥引道从两滑坡间通过，两滑坡治理应统筹考虑。

根据滑坡现状变形情况和稳定分析结果，考虑库岸再造的影响。为保证大桥引道安全。设计采用在大桥引道外侧设置锚拉抗滑桩支挡、引道内侧削坡减载的措施进行治理。

根据滑坡推力计算结果，需将引道内侧道路以上的滑坡体全部清除，以减少引道外侧支挡结构所受的下滑推力，保证文挡结构安全。引道外侧在高程 200 m 左右设置 8 根抗滑桩，桩断面 3.0 m × 3.5 m。因滑坡推力较大，每根抗滑桩设 1 道预应力锚索，锚索设计拉力 1 000 kN，长 30 m。

滑坡清除后其后缘坡面采用浆砌石格构植草进行防护。开挖边坡范围外缘设置 M7.5 浆砌石截水沟，以防止坡面水汇入滑坡体中。截水沟采用梯形截面，断面尺寸 0.4 m × 0.4 m。

截水沟和排水明沟均采用浆砌石梯形截面，纵坡在陡坎或落差较大的地段，采取多级跌水坎和跌水井结构形式。图 4.7 为水井湾和上河包滑坡 ADZ4 剖面治理工程布置图。

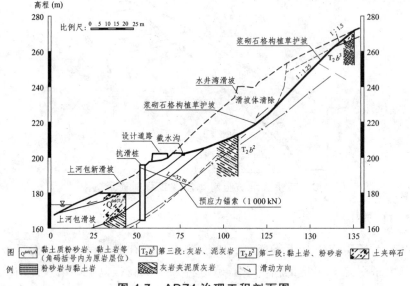

图 4.7　ADZ4 治理工程剖面图

4.3.2　分项工程设计

1. 南桥头滑坡

（1）坡形坡率设计

为了减少边坡的受水面积，减少挖方量，边坡设计成台阶状，每级边坡为 10 m 高，一级边坡坡率为 1：0.5，以后各级边坡坡率为 1：0.75。

（2）清除滑坡体

由于该边坡地处南桥头滑坡处，该滑坡分为上下两级，考虑到滑体厚度较大，坡度较陡，为减少加固工程量，故采用清除滑体的方案。

（3）锚杆喷射混凝土及预应力锚索框架梁

除了 6、7、10 级边坡采用预应力锚索框架梁外，其条各级边坡均采用锚杆喷射混凝土。采用极限平衡理论计算下滑力，再由此确定各锚索的规格及预应力大小。锚索锚固段的长度计算按《建筑边坡工程技术规范》（GB 50330—2002）的相关规定计算。锚索长 18～25 m，间距 5@5 m，锚固段长 8 m。锚固段以进入弱风化基岩 2 m 起算。框架梁截面为 60@40 cm，钢锚杆采用 3 m、6 m 两种规格。

（4）截排水工程

为了防止边坡以外坡面水冲刷开挖边坡坡面，渗入坡体降低岩土体强度，在边坡开挖线之外设置了一条截水沟。由于该边坡高度大，坡面受水面积较大，所以在边坡开挖平台处还设置了两道排水沟。

（5）土工格室绿化设计

利用土工格室绿化边坡，可在展开并固定在坡面上的土工格室内填充种植土，然后在其上挂三维植被网，均匀撒（喷）播草种进行绿化，该方法能使不毛之地的边坡充分绿化，带孔的格式还能增加坡面的排水性能。该绿化方案施工简便，可调节性较好，适用于坡比不陡于 1：0.5 的稳定路堑边坡。该方法不仅绿化效果较好，同时又能起到一定的护坡作用。

（6）抗滑桩

此次未搜集到南桥头下滑坡抗滑桩治理资料。

2. 郑家门口滑坡

郑家门口滑坡为不涉水滑坡，上部减载后稳定性分析验算采用二维极限平衡原理的传递系数法。计算工况为：自重＋地表荷载＋N 年（设计 20 年）一遇暴雨（$q_全$），物理力学参数见表 4.5。计算剖面按照地质剖面 ADZ1、ADZ2 进行，减载后稳定计算结果见表 4.9。

表 4.9　减载后滑坡体稳定计算成果表

工　况	设计安全系数	ADZ1 剖面	ADZ2 剖面
暴雨工况	1.15	1.18	1.15

根据表 4.9 分析，治理后滑坡稳定性满足要求。

3. 水井湾及上河包滑坡

1）抗滑桩计算

（1）抗滑桩布置

根据地勘揭示的滑坡体地质剖面以及前面的稳定计算下滑推力，确定抗滑桩的布置高程和数量。在滑坡体范围大桥引道外侧地面高程 199～200 m 布设一排抗滑桩，抗滑桩截面尺寸为 3.0 m×3.5 m，桩间距为 5.0 m，净距为 3.0 m，共布 8 根。

（2）抗滑桩结构及特征参数

考虑到本工程滑坡体的下滑推力较大，设计采用拉锚桩。结构计算根据 ADZ4 剖面水井湾滑坡体剩余下滑推力进行，剩余下滑水平推力为 1 700 kN/m。桩间距为 5.0 m，净距为 3.0 m，桩长 30 m，桩底嵌固于滑动面以下基岩中深度不小于 10 m。桩顶部布置一根锚索。

（3）计算方法及参数

抗滑桩按米法计算桩身内力和变位。

2）锚索计算

根据拉锚桩计算结果，锚索的设计锚固力为 1 000 kN。锚索材料采用 ϕ15.2 mm 预应力钢绞线。

（1）钢绞线根数

根据锚索设计锚固力和钢绞线强度，计算每孔锚索钢绞线根数，经计算，钢绞线根数取 4 根。

（2）锚固长度计算

锚索的锚固长度按水泥砂浆与钢绞线黏结强度及锚固体与孔壁抗剪强度计算，取两种计算结果的大值。经计算，按锚固体与孔壁抗剪强度确定锚固长度为 7.65 m，设计取锚固段长度为 8.0 m。

3）格构植草护坡

格构形式为菱形，间距 200 cm×200 cm。格沟梁为浆砌石材料，断面为 30 cm×30 cm，格构内植草。

4）截水沟

为减少地表水入渗，在治理范围外 5 m 处沿周边布设截水沟，以尽量拦截坡体表面排水。截水沟和排水明沟均采用浆砌石梯形截面，纵坡在陡坎或落差较大的地段，采取多级跌水坎和跌水井结构形式。

截水沟尺寸依据汇水面积和当地水文资料，经估算排水流量后确定，截水沟尺寸采用 0.4 m×0.4 m（$B×H$），采用 M7.5 水泥砂浆砌筑，表面用 2 cm 厚 M10 水泥砂浆抹面。

4.4 施工及监测

4.4.1 施工工艺

1. 抗滑桩工程

桩井开挖采取人工挖孔方式，隔桩跳挖，开挖时，应自上而下分段开挖，一般分段高度 1.0～1.5 m。

2. 预应力锚索

土层预应力锚索采用国产高强、低松弛钢绞线制作，单根钢绞线由 7ϕ5 组成。预应力锚索外锚头的钢垫板尺寸为 300 mm×300 mm×20 mm（长×宽×厚），采用 A3 钢制作，内开孔径 ϕ70 mm。灌浆管采用外径 ϕ15 mm 的 PE 塑料管。对锚墩混凝土和锚索灌浆浆液，为提高其早期强度，宜掺适量早强剂，用量应根据配合比试验确定。

3. 排水沟施工

排水系统为坡面截排水，排水沟采用浆砌石梯（距）形断面。其施工主要包括基础开挖处理和浆砌石砌筑。

4.4.2 监 测

1. 监测布置

监测设计参照《土石坝安全监测技术规范》（SL 60—94）的有关规定，结合工程布置和治理措施，设计采取以变形（位移）监测、地下水位监测为主，辅以巡视检查，以保证工程安全。图 4.8 为监测平面布置图。

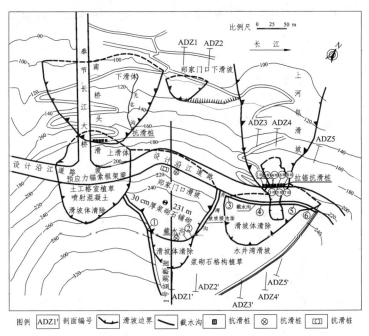

图 4.8 监测平面布置图

（1）位移监测

在郑家门口滑坡中部布置 2 组水平位移和垂直位移标点，布置于滑坡中部和下缘。在南桥头上滑体沿边坡开挖处布设 5 个观测墩，观测它们的水平位移和竖向位移。

（2）地下水位监测

在郑家门口滑坡中部和下缘各布置 2 个地下水位长期监测孔，各观测孔均分成 2 段，分别观测滑体上部覆盖层及下伏基岩的地下水位。

2. 监测成果

本次搜集到南桥头上滑体和下滑体的监测资料，为 5 个观测墩的水平位移和竖向位移。水平位移与时间的关系曲线和竖向位移与时间的关系曲线如图 4.9、4.10 所示。

据图 4.9、4.10 可知，在观测前 2 个月边坡的变形速率大，2 个月后变形速率趋于 0，边坡保持稳定[16]。

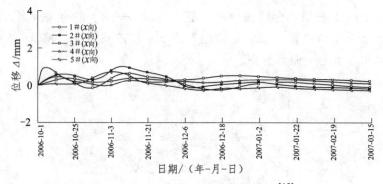

图 4.9　水平位移与时间关系曲线[16]

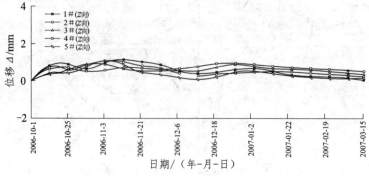

图 4.10　竖向位移与时间关系曲线[16]

4.5 工程治理效果

2014年实地调查滑坡现状，图4.11为安渡滑坡群现状全貌图。与图4.2对比，可知南桥头滑坡下滑体、上河包滑坡已完全被库水淹没，库水已涨至5#辅塔墩位置，南桥头下滑体的治理措施已在水下。经调查，引道及滑坡体均无变形迹象，确保了大桥的安全运行，工程治理效果良好。

图 4.11　安渡滑坡群现状

第5章　猴子石滑坡

猴子石滑坡位于三峡库区奉节县新城区的中心城区，该滑坡威胁到奉节县客运中心和大量居民建筑的安全。猴子石滑坡为基岩切层蠕变型滑坡，考虑三峡水库三期蓄水的时间要求和城区施工的难度，为了不对库区航道、客运港运造成影响，治理措施采用阶梯型置换阻滑键，结合水下抛石和岸坡防护，防止坡脚受到侵蚀和冲刷，以免进一步威胁到滑坡稳定性。置换阻滑键在猴子石滑坡中的成功运用，可为今后其在滑坡治理中的运用提供参考。

5.1　滑坡概况

猴子石滑坡位于三峡库区奉节县新城区经贸中心三马山小区临江地带，位于瞿塘峡口以西约 15 km 的李家大沟与长江的交汇处，地理坐标东经 109°28′，北纬 31°01′。水路上距重庆市万州区 113 km，距重庆市 440 km；下距长江三峡工程坝址 162 km，距宜昌市 208 km。交通极为方便，图 5.1 为该区交通位置图。猴子石滑坡西起白杨坪沟，东至水井沟，北至 1#连接

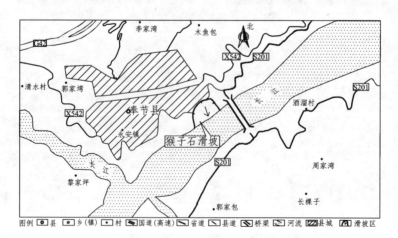

图 5.1　猴子石滑坡交通位置示意图

道，南抵长江河床；滑坡平面呈扇形，滑带贯穿性较好，由主次两个滑带组成。滑坡稳定与否直接威胁到奉节县客运中心港和中心城区大量居民安全，图5.2为猴子石滑坡全貌图。

图 5.2　滑坡全貌图

1. 气象与水文

该区属中纬度亚热带暖湿东南季风气候。3—8月降雨量占全年降雨量的68%以上，最大3日降雨量为200~350 mm，最大24小时降雨量为80~140 mm。工作区的水系为长江干流。

2. 地质构造与地震

滑坡区次级褶皱发育，并伴生有断层、裂隙及层间错动带等构造形迹（见图5.3），由于构造挤压揉皱强烈，加之岩层总体又软硬相间，岩体极为破碎。

滑坡区为朱衣复式背斜，该背斜是新城区的主要控制性构造，受其控制，其北翼次级和低序次级褶曲相当发育，轴向与主体构造呈小角度斜交，主要的次级褶曲包括三马山向斜（杨家梁向斜）、连接道背斜、猴子石向斜、黑寒包倒转背斜等。据区内调查，具一定规模的断层17条，按断层发育的优势方向可大致分为2组，如图5.4所示。

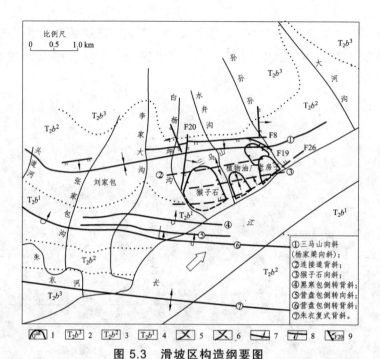

图 5.3　滑坡区构造纲要图

1—滑坡堆积；2—三叠系中统巴东组第三段；3—巴东组第二段；4—巴东组第一段；5—背斜轴；
6—向斜轴；7—倒转背斜轴；8—倒转向斜轴；9—断层与编号

根据中国地震动峰值加速度区划图（2001 年，1∶400 万），本区地震峰值加速度为 0.05g。

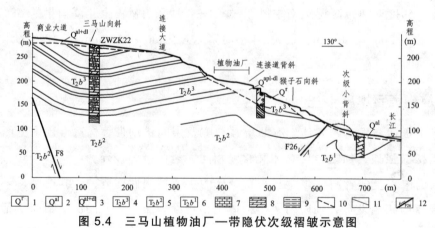

图 5.4　三马山植物油厂—带隐伏次级褶皱示意图

1—人工堆积；2—冲积堆积；3—残坡积堆积；4—巴东组第三段：泥质灰岩夹泥灰岩；5—巴东组第二段：黏土岩夹粉砂岩；
6—巴东组第一段：泥灰岩夹页岩；7—泥质灰岩；8—泥灰岩；9—黏土质粉砂岩；
10—第四系与基岩不整合界线；11—地层岩性整合界线；12—断层与编号

3. 滑坡地形地貌

猴子石滑坡区位于三马山平台以下靠上游的斜坡地带，滑体两侧及后缘均有小型冲沟围切，后缘圈椅地形与滑坡平台特征明显；滑体中部也发育小型冲沟步云街沟，冲沟切割深 5 ~ 15 m，纵坡比降 22.6% ~ 25%，沟坡较陡，坡角 22° ~ 34°，局部形成陡坎（大于 50°）；前缘形成陡坡地形。滑坡平面呈扇形，沿江公路以下滑体向两侧冲沟呈撒开状。

地貌上具备滑坡平台、滑坡后壁、前缘鼓丘、冲沟围切等特征。

4. 滑坡空间形态

猴子石滑坡为基岩切层蠕变型滑坡，平面呈扇形，前缘高程 87 ~ 100 m，后缘高程 250 m，南北长 360 m，东西宽 320 m，面积 12.19×10^4 m²，体积约 450×10^4 m³。

5. 滑坡物质组成与结构特征

（1）滑体物质组成及结构特征

滑体厚度一般 45 ~ 60 m，最厚处 66 m。因其为蠕变型基岩滑坡，物质仍具一定的成层性，滑体物质组成主要包括黄色黏土夹泥灰岩块石碎石、含泥质灰岩、泥灰岩、紫红色粉砂质黏土岩与黏土质粉砂岩、灰绿色泥灰岩、钙质页岩及灰黑色炭质页岩。图 5.5 为猴子石滑坡典型工程地质剖面图。

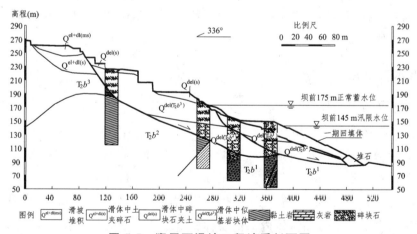

图 5.5 猴子石滑坡工程地质剖面图

（2）滑带物质组成及结构特征

猴子石滑坡滑带贯穿性较好。滑带厚度一般 1.3 ~ 3 m，为含黏性土砾砂、粉砂、含黏土砾石与粉质黏土。图 5.6 为揭露的主滑带。滑带土矿物成分中蒙脱石达 10%～15%，滑带土具有较高的膨胀性，遇水后力学性状将显著降低。

图 5.6　步行街沟揭露的主滑带

（3）滑床物质组成及结构特征

猴子石滑坡滑床基岩主要为巴东组第一段（T_2b^1）、第二段（T_2b^2）与第三段（T_2b^3）地层，其岩性主要为黏土岩（泥岩）、粉细砂岩、炭质页岩、页岩等碎屑岩类和含泥灰岩、泥质灰岩、灰岩等碳酸盐岩类。平洞揭露滑床基岩倾向 NW310°～NE30°，倾角 24°～45°，且局部倒转，岩体揉皱强烈。

6. 滑坡水文地质

（1）滑坡水文地质条件

滑体地下水埋深变化大，钻孔揭露稳定水位埋深 32～50 m，由于滑坡前缘由原岩为巴东组第一、二段的相对不透水岩体组成，滑体地下水向滑体两侧切割较深的冲沟白杨坪沟与水井沟排泄，泉水呈集中排泄的特点。泉涌水量 6～15 L/min。

滑体物质为松散堆积层，因岩性或结构的不同而构成多个含水单元，其中黏土岩、滑带等为相对隔水岩组，灰岩和滑体内部的块体架空带为富水岩组，泥质灰岩、泥灰岩及第四系堆积层为弱含水岩组。

（2）滑坡区环境水对混凝土材料腐蚀性分析

地下水的总硬度及矿化度与长江水相比差异不大，对混凝土无侵蚀性。

5.2 稳定性分析

1. 滑坡稳定性分析方法

布置 5 个地质剖面,对其进行稳定性验算,并根据各剖面的地质条件进行相应分析。其中,1—1′、2—2′、3—3′和 5—5′剖面均按三种滑动破坏模式进行稳定计算,相应的计算模型如图 5.7 所示。

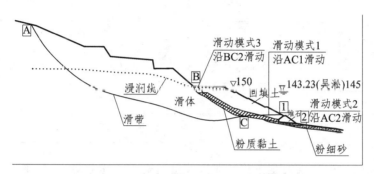

图 5.7 猴子石滑坡整体稳定性计算模型 1

滑动破坏模式分别为:① 滑坡体沿滑带从一期回填体中剪出破坏,即图 5.7 中的滑动模式 1;② 滑坡体和一期回填体沿滑带与回填体回填界面滑动破坏,即图 5.7 中的滑动模式 2;③ 一期回填体自身沿回填界面滑动破坏,即图 5.7 中的滑动模式 3。

4—4′剖面因发育有次级滑带,因此其计算模型如图 5.8 所示。

相应的滑动破坏模式也分为 3 种,分别为:① 滑坡体沿主滑带从一期回填体中剪出破坏,即图 5.8 中的滑动模式 1;② 滑坡体沿主、次复合滑带滑动破坏,即图 5.8 中的滑动模式 2;③ 次滑体沿次滑带滑动破坏,即图 5.8 中的滑动模式 3。

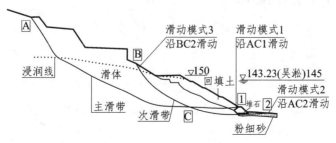

图 5.8 猴子石滑坡整体稳定性计算模型 2

2. 计算工况及荷载组合

猴子石滑坡稳定计算的设计工况及相应荷载组合见表 5.1。

表 5.1 设计工况及荷载组合表

计算工况			荷载组合
基本组合	水库平水运行	1	自重 + 建筑物附加荷载 + 坝前 135 m 正常蓄水位 + 地下水位（现状）
		2	自重 + 建筑物附加荷载 + 坝前 145 m 正常蓄水位 + 地下水位
		3	自重 + 建筑物附加荷载 + 坝前 156 m 正常蓄水位 + 地下水位
		4	自重 + 建筑物附加荷载 + 坝前 175 m 正常蓄水位 + 地下水位
	水库水位降落	5	自重 + 建筑物附加荷载 + 坝前水位 156 m 降至 135 m + 地下水位
		6	自重 + 建筑物附加荷载 + 坝前水位 175 m 降至 145 m + 地下水位
特殊组合	地震	7	基本组合中最不利工况 + 地震

滑坡稳定性设计标准或安全判据（即滑坡抗滑稳定安全系数），基本组合为 1.15，特殊组合为 1.05。

3. 计算参数

1）荷 载

（1）建筑静荷载与车流、人流等动荷载：滑坡体上建筑物荷载按 10 t/m^2 荷载考虑，计算中建筑荷载应按 44.2 kN/m^2，结合动荷载一并考虑，动、静荷载取 40 kN/m^2。

（2）库水位荷载：按相应库水位计算。在库水位骤降时，依据滑体前缘透水性较差的特点，滑体地下水位在计算时考虑滞降面积为 50%。

（3）地震荷载：依据中国地震动峰值加速度区划图（2001 年，1:400 万），确定计算地震动峰值加速度取值为 0.05g。

2）物理力学参数

通过宏观判断、工程经验、参数反演及规范参考和工程类比等综合确定猴子石滑坡滑体土和滑带土的物理力学参数见表 5.2。

表 5.2　滑体土和滑带土物理力学参数取值表

材料名称	抗剪强度设计取用值		重度（天然/饱和）/（kN/m³）
	C（水上/水下）/kPa	ϕ（水上/水下）/（°）	
主滑带	20/15	21/19	
次滑带	20/15	21/20	
滑体（T_2b^2、T_2b^1）	15/10	28/26	23/23.5
滑体（T_2b^3）	5/0	30/28	23/23.5
滑床	300	31	22

4. 滑坡稳定状态

滑坡稳定性计算结果详见表 5.3。根据计算结果分析可知：最危险的计算控制工况为工况 6，即库水位从坝前 175 m 降至 145 m 的情况；而除 1—1′剖面的控制破坏模式为滑坡体沿滑带从回填体中剪出（模式 1）外，其余剖面的控制破坏模式均为滑坡体和回填体沿滑带与回填体回填界面滑动破坏情况，即模式 2。

表 5.3　猴子石滑坡现状整体稳定计算结果表

破坏模式	设计工况		稳定性状态				
			1—1′剖面	2—2′剖面	3—3′剖面	4—4′剖面	5—5′剖面
1	正常组合	工况 1	稳定	稳定	稳定	稳定	稳定
		工况 2	稳定	稳定	稳定	基本稳定	基本稳定
		工况 3	稳定	稳定	稳定	稳定	基本稳定
		工况 4	稳定	稳定	稳定	稳定	基本稳定
		工况 5	基本稳定	稳定	稳定	基本稳定	基本稳定
		工况 6	欠稳定	基本稳定	基本稳定	欠稳定	欠稳定
	特殊组合	工况 7	欠稳定				
2	正常组合	工况 1	稳定	稳定	稳定	基本稳定	基本稳定
		工况 2	稳定	稳定	稳定	基本稳定	基本稳定
		工况 3	稳定	稳定	稳定	基本稳定	基本稳定
		工况 4	稳定	稳定	稳定	基本稳定	基本稳定
		工况 5	基本稳定	基本稳定	基本稳定	基本稳定	欠稳定
		工况 6	欠稳定	基本稳定	基本稳定	不稳定	欠稳定
	特殊组合	工况 7		欠稳定	欠稳定	不稳定	欠稳定

破坏模式	设计工况		稳定性状态				
			1—1′剖面	2—2′剖面	3—3′剖面	4—4′剖面	5—5′剖面
3	正常组合	工况 1	稳定	基本稳定	稳定	稳定	基本稳定
		工况 2	稳定	稳定	稳定	稳定	稳定
		工况 3	稳定	稳定	稳定	稳定	稳定
		工况 4	稳定	稳定	稳定	稳定	稳定
		工况 5	稳定	基本稳定	稳定	稳定	基本稳定
		工况 6	稳定	基本稳定	稳定	稳定	稳定
	特殊组合	工况 7					

综合分析计算结果：猴子石滑坡目前整体基本稳定；三峡水库正常蓄水运行后，滑体稳定性明显下降，不能满足设计安全标准；滑坡现状稳定性计算的控制工况为库水位从坝前 175 m 降落至 145 m 工况。

5.3　治理设计

5.3.1　剩余推力计算

1. 设计标准

猴子石滑坡治理工程等级取为二级，滑坡抗滑稳定安全系数基本组合 1.15，特殊组合 1.05；设计年限为 50 年。

2. 计算参数

计算参数同滑坡稳定性分析取用的计算参数。

3. 剩余推力计算

猴子石滑坡滑动面为折线型，故本次采用传递系数法进行推力计算，图 5.9 为条分法示意图。针对防治工程治理方案，分别对五个剖面进行推力计算分析。各剖面推力计算结果见表 5.4。

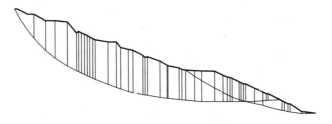

图 5.9　5—5′剖面条分示意图

表 5.4　猴子石滑坡现状剩余下滑力计算结果表

破坏模式	设计工况		下滑力 / (kN/m)				
			1—1′剖面	2—2′剖面	3—3′剖面	4—4′剖面	5—5′剖面
1	正常组合	工况 1	0	0	0	0	0
		工况 2	0	0	0	820	2 040
		工况 3	0	0	0	0	3 239
		工况 4	0	0	0	0	2 555
		工况 5	219	0	0	3 380	5 567
		工况 6	6 580	5 550	5 200	7 320	10 450
	特殊组合	工况 7	2 500				
2	正常组合	工况 1	0	0	0	1 735	1 000
		工况 2	0	0	0	4 080	3 710
		工况 3	0	0	0	3 970	5 530
		工况 4	0	0	0	3 330	5 390
		工况 5	2 250	1 056	50	9 230	8 620
		工况 6	7 480	8 985.6	5 546	11 230	12 530
	特殊组合	工况 7		4 550	770	7 610	10 290
3	正常组合	工况 1	0	825	0	0	230
		工况 2	0	0	0	0	0
		工况 3	0	0	0	0	0
		工况 4	0	0	0	0	0
		工况 5	0	1 373	0	0	737
		工况 6	0	138	0	0	0
	特殊组合	工况 7					

5.3.2 工程布置

根据滑坡特征和推力计算结果综合分析，猴子石滑坡治理工程采用"沿滑带设置阶梯型置换阻滑键（梯键）、水下抛石、地下排水和岸坡防护"的综合治理方案。防治工程平面布置如图 5.10 所示。

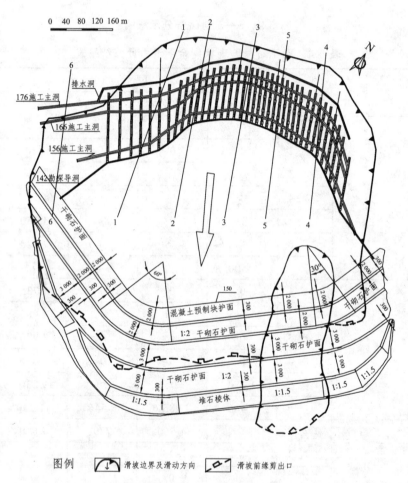

图例 滑坡边界及滑动方向 滑坡前缘剪出口

图 5.10 工程布置总平面图

1. 梯 键

置换阻滑键是有别于滑坡其他常规治理措施的一种新型措施（结构）。置换阻滑键通过骑（沿）滑坡滑带（面）开挖多级平洞和多个竖井后再在其中回填钢筋混凝土而形成置换阻滑键的洞井系统。在滑坡滑动方向,平洞和竖井穿过滑带(面)布置成阶梯状,在垂直滑坡滑动方向,沿滑带(面)等高线布置多条平洞并与各阶梯状洞井相互串联。置换阻滑键在抗滑机理上是一种与滑坡岩土体共同受力的钢筋混凝土整体结构,既有置换滑带的功效,也兼具抗滑桩与阻滑键的作用;同时,由于洞井系统沿滑带开挖,可以充分揭露滑坡(特别是滑带和滑面)地质条件,可为滑坡稳定性及优化治理工程设计方案提供更加可靠的地质依据[17]。

梯键在139~176 m高程范围内骑滑带布置,通过沿滑动方向(南北向)连续开挖平洞和竖井并置换钢筋混凝土连接形成,整个滑体共布置38榀,中心距7~15 m。

形成梯键的洞井系统由三级平洞和四条竖井、起定位和施工通道作用的142勘探导洞及三级平洞(156、166和176施工主洞)组成。与平洞相对应的竖井也分三级,平洞和竖井构成了置换结构的主体。142勘探导洞在整个梯键工程中起地质先导作用,沿142 m高程追踪滑带开挖,从而准确定位156施工主洞和1#竖井的位置。

施工主洞沿滑带走向分三级设置,对应的洞底高程分别为156 m、166 m和176 m,其中156施工主洞在滑体中开挖,166和176施工主洞沿滑带开挖。

梯键典型剖面布置如图5.11所示。

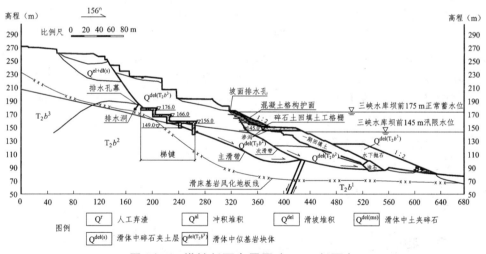

图5.11 梯键剖面布置图(4—4′剖面)

2. 水下抛石

为防止梯键设置后滑坡沿地质滑带的剪切滑移路径产生变化,而出现越过梯键顶部从滑体中剪切破坏和浅层滑动的可能性,在滑体前部一期治理工程的回填体外进行水下抛填块石压脚。抛填体顶高程为125 m,顶宽28~45 m,抛填坡比为1:2.5。抛石最前缘河床高程为79 m,抛填最大水深为60 m,抛填块石69×10⁴ m³。

3. 排水洞

排水洞设置于175 m高程的滑床基岩内，采用单侧排水，排水出口设置于白杨坪沟侧，排水纵坡3‰。排水洞由进口段和洞身段组成，断面采用城门洞型，其中进口段在施工期兼作176施工主洞的进口段，净断面尺寸为2.8 m×3.0 m，洞身段净断面尺寸2.0 m×2.5 m。

进口段和洞身段均采用先挂网锚喷支护再用钢筋混凝土衬砌的支护形式。混凝土喷层厚5 cm，顶拱设置5排中空锚杆，长2～3.5 m，沿洞轴向间距1 m呈梅花形布置。进口段采取全断面钢筋混凝土衬砌，厚30 cm；洞身段混凝土衬砌厚25 cm，底板混凝土找平15 cm。

4. 岸坡排水系统

岸坡排水系统由坡面排水孔，坡面纵、横向渗沟和150平台纵、横向渗沟组成。

排水孔布设于Ⅰ区的153～168 m高程和Ⅱ区153～169 m高程的滑坡坡面。其中Ⅰ区排水孔间距为3 m×3 m（水平×竖直）；Ⅱ区排水孔布置于坡面格构锚中间，间距为2.5 m×4 m（水平×竖直）。排水孔孔深为15 m和20 m，竖向间隔布置，孔内设置外包土工布的毛细渗水管的排水孔保护装置。

Ⅰ区的排水孔钻设完成后，沿153～168 m高程竖向间距3 m布置6条坡面横向渗沟，分别与同高程的各排水孔出口相连；同时顺150～175 m高程坡面开挖4条纵向渗沟，间距80～85 m。在现一期回填体顶150 m高程平台内侧坡脚位置开挖150平台横向渗沟，并间隔开挖4条150平台纵向渗沟，与坡面纵向渗沟相连。150平台渗沟断面为梯形，渗沟底宽100 cm，坡比为1∶0.35，渗沟底高程145 m；坡面渗沟断面为矩形，渗沟底宽50 cm。

岸坡排水系统典型平面布置如图5.12所示。

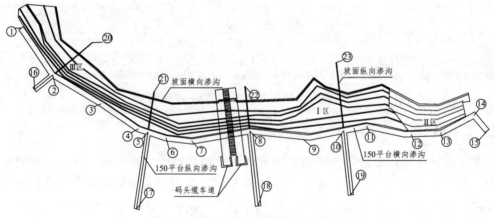

图5.12　岸坡排水系统平面布置图

5. 岸坡防护

岸坡防护对象为位于库水位变幅区的 150～175 m 滑坡坡面。工程布置分Ⅰ区和Ⅱ区，对应于岸坡排水系统分区，其中Ⅰ区采用回填碎石土放缓边坡的方式进行防护，格构护面，回填体中分层铺筑土工格栅；Ⅱ区是对天然坡面进行适当修整后格构锚防护。

格构采用现浇混凝土格构，矩形布置，其中Ⅰ区格构间距 2.5 m×1.2 m（水平×竖直）；Ⅱ区格构间距 2.5 m×2.0 m（水平×竖直），锚杆设置于格构节点处，为普通水泥砂浆锚杆。格构内铺六边形混凝土预制块，下设砂石垫层。

5.3.3 结构设计

1. 梯键布设

根据稳定分析，梯键布置的位置高程越低阻滑效果越好，但由于目前库水位以 139 m 左右为主，同时考虑到三峡水库二期水位至 156 m 日益临近。因此，为尽量使梯键工程具备干地施工条件，将最下一级平洞布置于 156 m 高程，并将最下级竖井底高程控制在 139 m 高程。

每榀梯键由三级平洞（156 平洞、166 平洞和 176 平洞）、四条竖井（1#竖井、2#竖井、3#竖井和 4#竖井）组成。1#竖井设置于 156 平洞南端，长 17 m，井底高程为 139 m；2#竖井设置于 156 平洞中部，长度分 3 m 和 7 m 两种，井底高程分别为 153 m 和 149 m；3#竖井设置于 166 平洞南端，长 10 m，井底高程 156 m；4#竖井设置于 176 平洞南端，长 10 m，井底高程 166 m。

2. 梯键截面设计

置换阻滑键结构设计主要包括截面设计和配筋设计。由于置换阻滑键结构是一种与滑坡岩土体共同受力的空间超静定结构，常规分析计算尚无配套的精确计算理论和方法，因此，只能采用简化模型分析。

计算模型考虑两种情况：一是按置换概念进行分析，即根据滑坡滑动稳定分析计算所需要的置换率，确定相应的混凝土结构断面尺寸；二是根据斜截面抗剪承载力确定混凝土结构截面尺寸和各肢的箍筋面积，将各平肢和竖肢简化为带拉杆的弹性地基梁或带拉杆的悬臂梁结构，通过梁身弯矩和拉杆的水平拉力确定纵向受力钢筋截面积[17]。

梯键截面设计首先要根据滑坡沿滑带滑动的稳定安全要求进行，即用键体混凝土置换滑带土后，沿滑带滑动的稳定安全系数应满足设计要求，同时基于梯键的阻滑作用，通过对梯键布置和受力的分析，其破坏形态主要为剪压破坏，截面尺寸可根据滑坡剩余下滑推力计算确定，并按斜截面受剪承载力设计。计算模型假定滑坡剩余下滑推力平均分配于梯键各肢。

根据《水工混凝土结构设计规范》（SL 191—2008），梯键的斜截面受剪承载力应满足：

$$V \leqslant \frac{1}{\gamma_d} V_u = \frac{1}{\gamma_d} V_{cs}$$

式中　V——剪力设计值，取各断面处的设计剩余下滑推力；

　　　γ_d——钢筋混凝土结构的结构系数，这里取 1.2。

而钢筋混凝土的抗剪承载力 V_u 的计算公式为：

$$V_u = V_{cs} = V_c + V_{sv}$$

式中　V_c——混凝土的受剪承载力；

　　　V_{sv}——箍筋的受剪承载力；

　　　V_{cs}——混凝土和箍筋的受剪承载力。

$$V_{cs} = 0.07 f_c b h_0 + 1.25 f_{yv} \frac{A_{sv}}{s} h_0$$

式中　f_c——混凝土轴心抗压强度设计值，C25 取 12.5 N/mm²；

　　　b——矩形截面的宽度；

　　　h_0——截面有效高度；

　　　f_{yv}——箍筋抗拉强度设计值，取 230 N/mm²。

根据计算结果，确定三级平洞均采用城门洞型断面，净断面尺寸为 2.5 m×3.0 m（宽×高，下同）；竖井断面为矩形，按尺寸不同分为 A、B 型两种，其中 A 型竖井净断面尺寸为 1.8 m×2.8 m，设置于第 1~19 榀和第 38 榀梯键；B 型竖井净断面尺寸为 2.3 m×3.3 m，设置于 20~37 榀梯键。图 5.13 为梯键典型剖面布置图。

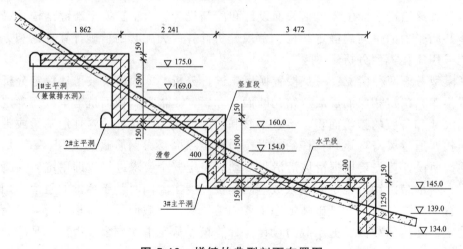

图 5.13　梯键的典型剖面布置图

滑坡各部位的梯键榀数及截面尺寸见表 5.5。

表 5.5　梯键特征值表

分段位置	长度/m	榀距/m	榀数	水平肢净截面/m	竖直肢净截面/m
白杨坪沟段	30	15	2	2.5×3	1.8×2.8
1 剖面	60	12	5	2.5×3	1.8×2.8
2 剖面	64	8	8	2.5×3	1.8×2.8
3 剖面	32	8	4	2.5×3	1.8×2.8
5 剖面	60	6.6	10	2.5×3	2.3×3.3
4 剖面	60	7.5	8	2.5×3	2.3×3.3
水井沟段	12	12	1	2.5×3	1.8×2.8
合计	324		38		

3. 梯键配筋

由于梯键结构的特殊性及其与岩土相互作用的复杂性，难以准确确定其受力模型，无法进行精准的配筋设计，因此，梯键结构的配筋主要通过简化模型计算并根据工程经验和构造要求进行设计。设计的梯键结构各洞井的配筋见表 5.6。

表 5.6　梯键结构配筋表

位　　置	纵向受力钢筋 HRB335		箍筋 HPB235
	直径 32 mm/根	直径 28 mm/根	直径 16（间距）
156、166 和 176 施工主洞	32	4	350 mm
156、166 和 176 平洞	32	4	350 mm
A 型竖井	30	8	350 mm
B 型竖井	42	8	350 mm

4. 梯键洞、井开挖支护

平洞支护方式与施工主洞洞身段相同；竖井采用锚杆支护和现浇钢筋混凝土护壁衬砌。

进口段喷混凝土厚度为 5 cm，锚杆设置于顶拱处，采用中空锚杆，呈梅花形布置；混凝土衬砌厚 30 cm。

洞身段格栅钢架沿洞轴向间隔布设，锚杆设置于边墙和顶拱处，呈梅花形布置，其中边墙处采用普通砂浆锚杆，顶拱处采用中空锚杆。格栅钢架和锚杆的间距一般为1 m；勘探导洞喷混凝土厚15 cm，锚杆长1~1.5 m；施工主洞喷混凝土厚20 cm，锚杆长2~3.5 m。

平洞支护分为标准段和加强段，其中加强段布置于与竖井相交处。标准段的格栅钢架和锚杆的间距一般1 m，加强段的格栅钢架和锚杆的间距一般0.5 m。平洞标准段的典型支护布置图如图5.14所示。

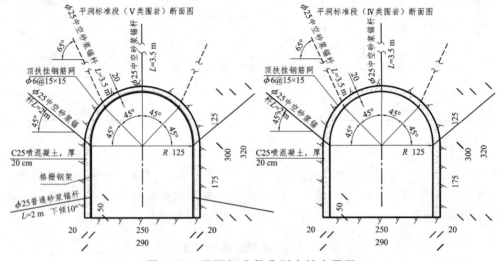

图 5.14 平洞标准段典型支护布置图

竖井支护采用普通砂浆锚杆，长1.5 m，间距1 m；钢筋混凝土护壁衬砌应分节浇筑，分节长1~2 m，厚35 cm。

洞井系统支护采用的中空锚杆外径为25 mm，内径为14 mm；普通砂浆锚杆采用直径25 mm的Ⅱ级螺纹钢筋，锚孔直径均为70 mm。衬砌混凝土和喷混凝土的强度均为C25。

为加快梯键洞井的开挖进尺，对于破碎的Ⅴ类围岩，可采用超前小导管支护措施。

5. 梯键洞、井混凝土回填

平洞和竖井开挖后应及时进行钢筋混凝土回填浇筑，三级平洞和竖井的混凝土应浇筑成整体形成连续的梯键。为加强各榀梯键间的横向刚度，在洞、井开挖并完成混凝土回填后将三条施工主洞用钢筋混凝土回填与各榀梯键连接成整体。142 勘探导洞贯通并完成地质勘测之后也应尽早用混凝土回填。

平洞、竖井和梯键范围内的施工主洞洞段采用C25钢筋混凝土回填，梯键范围外的施工主洞洞段和142勘探导洞采用C15素混凝土回填。

各级平洞、142勘探导洞和施工主洞混凝土回填浇筑完成后，均应进行洞顶回填灌浆。回填灌浆采用预埋管方式进行，在浇筑混凝土前布设灌浆管路，对于采用喷混凝土及衬砌进行永久支护的洞段，预埋管嘴应通过钻孔穿过衬砌层进入喷混凝土层；对于采用喷混凝土进行临时支护的洞段，预埋管嘴应伸入喷混凝土层15 cm以上。灌浆应在回填混凝土达到7%设计强度之后再进行。

5.4　施工及监测

5.4.1　施工工艺

1. 水下抛石

水下抛填体全部采用开底驳平抛施工，平抛施工在竖直向自低而高、在水流向自上游往下游、在垂直水流向由远而近逐层平抛，抛投块石应大小搭配。

2. 岸坡防护和排水工程

岸坡防护和排水工程施工包括土石方开挖、碎石土填筑、垫层料铺筑、浆砌块石砌筑、锚杆施工、混凝土格构梁浇筑、排水孔施工等。锚杆施工在坡面清基开挖后进行。锚杆施工采用汽腿钻钻孔，砂浆泵注浆，再人工插入锚杆。排水孔采用地质钻机钻孔，为防止在滑坡堆积体内钻孔产生塌孔，可采用跟管钻法施工，排水孔采用毛细渗水管外包土工布进行孔内保护。

3. 地下洞井工程及排水工程

（1）明挖施工

明挖部分主要为洞脸开挖。开挖顺序为从上到下。基岩开挖采用钻爆法开挖，手风钻钻孔爆破。

（2）洞挖施工

洞挖部位为各地下平洞。在洞口洞脸支护完成后才能进行洞挖作业。采用中心空孔掏槽，周边光爆的微震爆破方式，按"短进尺、弱装药、强支护、勤监测"的原则施工。根据围岩情况适时进行洞内支护：采用汽腿钻钻孔、人工插入和套接中空锚杆，砂浆泵注浆；格栅钢架在洞外加工成拼装件，洞内人工拼装；喷混凝土层采用混凝土喷射机湿喷法施工，人工分段分片分层施喷，分层厚 5~8 cm。施工主洞每隔 100 m 设集水井，工作面积水采用 1.5 kW 离心式污水泵抽出洞（井）外。

（3）井挖施工

竖井一般分三序开挖和回填，在回填混凝土强度达到 70%以前不得进行相邻下一序的开挖施工。竖井开挖前先浇筑井口锁口梁，然后采用自上而下分层施工，开挖分层高度 1.0~1.5 m。

（4）施工期支护

142 勘探导洞和三级施工主洞均需在滑体坡面设置进口，进口处洞脸及两侧边坡也应采取相应的支护措施。142 勘探导洞进口边坡开挖坡比为 1∶1，由于坡度较缓，且在进口明拱钢筋混凝土浇筑完成后即可回填，因此不需采取特别支护措施，但应做好施工期的截、排水。三级施工主洞的进口处边坡的开挖坡比均为 1∶0.5，开挖后采取挂网锚喷支护，喷混凝土厚度 12 cm，锚杆采用普通水泥砂浆锚杆，长 2~5 m，间距 2 m×2 m，呈梅花形布置。锚杆采用 ϕ25 mm 的 II 级螺纹钢筋，锚孔直径均为 75 mm。喷混凝土的强度为 C25。

在松散、软弱破碎的岩体中开挖时应及时支护，可先喷混凝土，然后打锚杆、挂网、格栅钢架，再喷混凝土至设计厚度；围岩稳定特别差时，爆破后立即喷混凝土封闭岩面，出渣后，再打锚杆、挂网、格栅钢架和喷混凝土。

（5）回填灌浆施工

回填灌浆采用预埋管法施工，先浇段回填灌浆管路，套接延长伸出后浇段仓面，回填灌浆应在混凝土达 70%设计强度后进行。

采用灌浆泵先灌注水泥砂浆，再灌注水泥浆，灌浆参数应通过现场试验确定，初拟灌浆压力 0.3~0.5 MPa。水泥浆液为标号不低于 32.5 的普通硅酸盐水泥浆材。

5.4.2 监 测

在滑坡体上顺滑动方向布置了 5 条监测断面（见图 5.15），为便于资料的整理分析，监测断面与相应的地质剖面重合，基本能控制滑坡整个范围；1#、2#监测洞分别设置于 2#和 5#监测断面上。监测洞内监测项目断面布置如图 5.16 所示。

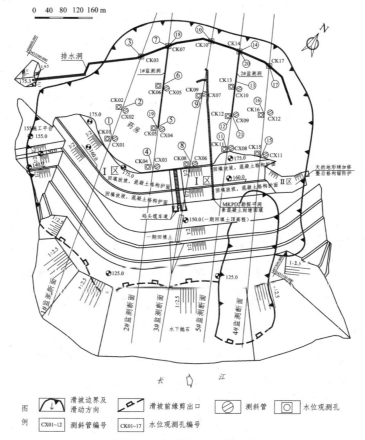

图 5.15 监测项目平面布置图

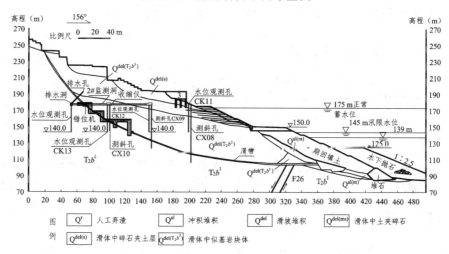

图 5.16 监测洞监测项目布置图

1. 深部位移监测

（1）测斜孔

在 5 个监测断面上共布置 12 处测斜孔，分别设置于滑坡坡面和 1#、2#监测洞内，对滑体分层水平位移进行监测。测斜孔应深入到滑带以下稳定基岩中。

（2）伸缩仪

在 1#、2#监测洞内各布设 1 套伸缩仪，用于监测滑体深部水平变形。

（3）位错计

在 1#、2#监测洞内骑滑带各布设 1 组位错计，用于监测滑带的位错变形。

2. 地下水位监测

在 5 个监测断面上共布置 17 处水位观测孔，分别设置于滑坡坡面，排水洞及 1#、2#监测洞内，对滑体地下水位进行监测，观测孔孔底高程为 140 m。

3. 梯键应力监测

在位于 1#、2#监测洞旁的 T10 和 T25 梯键的各级平肢（平洞）和竖肢（竖井）的纵向受拉钢筋上布置振弦式钢筋应力计，共计 22 处，用于监测梯键结构的受力状态，各应力计应引电缆线至对应的排水洞内。

4. 地下水量监测

在排水洞出口处排水边沟内设置量水堰，对排水量进行监测。

5. 巡视检查与群测群防措施

由于滑坡本身的复杂性，自然因素的不可预见性，监测仪表的局限性及认识的局限性，为确保滑坡体上国家和人民生命财产的安全，及时正确地分析和预报滑坡变形态势，从施工期到运行期均须进行巡视检查和群测群防。坚持日常、年度和特别巡视检查相结合，专业与群众巡视检查相结合。大暴雨和洪水期应加密巡视检查次数和加强检查力度。每次检查均应做好详细的现场记录。在巡视检查中如发现异常迹象，经复查确认后，应立即上报政府有关主管部门。

6. 监测洞布置

在滑体内设置 1#和 2#监测洞，进口设置于排水洞内，每个监测洞内均设置两处扩大洞段，便于监测项目的布设。监测洞断面采用城门洞型，标准段净断面尺寸为 1.5 m×2.0 m，扩大段净断面尺寸为 2.0 m×3.0 m。1#监测洞长 126 m，2#监测洞长 100 m。

监测洞采用先挂网锚喷后钢筋混凝土衬砌的支护形式。混凝土喷层厚 5 cm，顶拱设置 5 排中空锚杆，长 2～3.5 m。

混凝土衬砌厚 25 cm，底板混凝土找平 15 cm，衬砌混凝土和喷混凝土强度均为 C25，找平混凝土强度为 C15。

5.5　工程治理效果

图 5.17 为猴子石滑坡现状全貌图（2014 年），滑坡前缘护坡工程被建筑物遮挡，无法拍摄。经实地调查，滑坡体上建筑物及公路无变形情况，置换阻滑键治理滑坡效果良好。

图 5.17　猴子石滑坡治理后现状

第6章　黄瓜坪滑坡群

黄瓜坪滑坡群位于奉节县鱼复开发试验区，发育于古崩坡堆积物基础上，后经物理风化剥蚀和早期人类工程活动而形成，滑坡前缘为塌岸。对于滑坡主要采用削方减载、前缘反压减小滑坡下滑推力，并结合抗滑桩和挡墙进行治理。对于塌岸主要采用护坡防止塌岸受到侵蚀、冲刷，以免进一步威胁到滑坡的稳定性。三峡库区大部分滑坡为涉水滑坡，所以滑坡治理和护岸相结合的治理措施在库区中较为常见。

6.1　滑坡概况

黄瓜坪滑坡地处奉节县鱼复开发试验区窑湾一社及金盆村四社，东邻巫山，西接云阳，北连巫溪，南与湖北省接壤，中心坐标纬度为 31.058 8°，经度为 109.526 7°，渝巴公路辽宁大道距奉节县约 10 km 处北侧，长江支流梅溪河入长江口左岸，东距白帝城约 5 km。交通位置如图 6.1 所示。

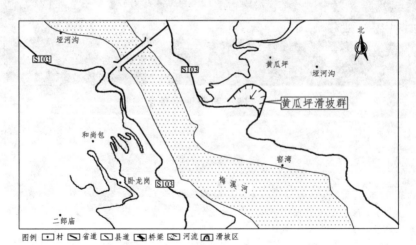

图 6.1　黄瓜坪滑坡群交通位置图

黄瓜坪滑坡群可分为 3 个区：滑坡 A1 区、滑坡 A2 区及塌岸 B 区。A1 区和 A2 区为第四系堆积体沿基岩顶面滑动的滑坡，B 区为滑移型塌岸，滑坡全貌图如图 6.2 所示。省道渝巴公路位于滑坡体上，其为奉节县与外界联系的主要通道，滑坡一旦失稳，将造成巨大损失。

图 6.2　黄瓜坪滑坡群全貌

1. 气象与水文

奉节县属中纬度亚热带暖湿东南季风气候区，全年雨量丰沛，多年平均降雨量 1 147.9 mm，年最大降雨量 1 635.2 mm（1963），最小为 721.6 mm，月最大降雨量 548.4 mm，日最大降雨量 141.3 mm（1998 年 6 月 1 日，降雨引发全县许多地区地质灾害），降雨多集中于 5~9 月，约占全年降雨量的 70%，12 月至翌年 2 月降雨较少。

区内地表冲沟发育，且多垂直于长江及其支流，冲沟切割深度较大，多有细小水流，水源多为雨水、上游地表泉水及工农业生活废水，地表冲沟是地表水的主要排泄通道。

地下水主要接受大气降雨及地表水补给，向梅溪河排泄。在滑坡前缘见有地下水呈滴状出露于梅溪河岸，水量较小。滑坡区为梅溪河左岸斜坡地带，地表水汇集于勘查区内冲沟，向梅溪河排泄。

2. 地质构造与地震

奉节县位于大巴山弧形构造与新华夏系的交接复合部位，地质构造较复杂。根据《中国地震动峰值加速度区划图》（2001年，1：400万），地震动峰值加速度为0.05g，本区地震基本烈度为Ⅵ度。

3. 滑坡地形地貌

（1）滑坡A1区

滑坡体中后部为缓坡，坡度14°~15°，其前缘地势较缓；滑坡体中前部为陡坡，坡度30°~35°。总体纵向上呈阶梯状，滑坡后缘东侧断壁清晰可见，后缘外围为山体基岩陡坡，坡度41°。横向上中间高两侧低，其两侧冲沟均呈V型沟，沟底切割深度为5~15m，东部冲沟切割深度较西部冲沟要深。滑坡前缘外围为第三级平台，宽6~14m，长约140m，平台高程310~325m，其上覆盖层较薄。

（2）滑坡A2区

滑坡中后部较陡，坡度28°~32°，基岩裸露，前缘被人工堆积土（塌岸B区）填埋，为台阶状地形。中部有两级平台，其间为公路，其内侧开挖边坡，坡高5~25m，坡度38°~45°，总体地势是北高南低。

（3）塌岸B区

区内地势总体上是北东高、南西低，堆积体呈台阶状。前缘均用块石浆砌，并修有支撑墙。塌岸区前缘为人工堆积层边坡，平面上呈弧形展布，高4~13m，北西侧（长50m范围内）边坡坡度45°~53°，上陡下缓，坡体中上部有垮塌的痕迹；南东侧边坡沿坡体中部分两级。

4. 滑坡空间形态

（1）滑坡边界

滑坡A1区平面上呈帽状，后缘为陡坡坡脚，高程387m，两侧以冲沟为界，前缘至坡体第三级平台内侧，高程320m，前后缘高差67m，主滑方向175°。

滑坡A2区平面呈不规则四边形状，后缘为陡坡，高程280~307m，两侧仍以冲沟为界，两侧界面不明显，前缘至梅溪河一级冲沟内，高程170~190m，前后缘相对高差约137m，主滑方向183°。

塌岸 B 区位于滑坡前缘冲沟内，两侧以诗城东路公路为界，高程 231 ~ 238 m；后缘为奉节县华兴烟花爆竹有限公司围墙外侧，高程 234 m；前缘为人工堆积层边坡，坡顶高程 199 ~ 208 m；坡脚下为一冲沟，走向 240°，切割深度 7 ~ 11 m。

（2）滑面形态

滑坡滑面基本上为堆积层与基岩强风化接触带，局部为土层内部相对软弱层，从剖面来看，滑面形态均为折线形。滑带土厚度 0.2 ~ 0.4 m。

（3）滑坡规模

滑坡 A1 区长 260 m，宽 350 m，面积 8.0×10^4 m²，滑坡平均厚度 15.9 m，滑坡体积 127.2×10^4 m³，属大型滑坡。

滑坡 A2 区长 450 m，宽 380 m，面积 9.1×10^4 m²，滑体平均厚度 13 m，滑坡体积 118.3×10^4 m³，属大型滑坡。

库岸 B 区纵向长 309 m，横宽平均 140 m，面积 4.3×10^4 m²。库岸为近期人工堆填形成，平面上呈弧形分布，长 168 m，依据堆积边坡微地貌形态，坡体岩性结构、变形特征及边界条件，堆积库岸分北西段和南段。

5. 滑坡物质组成及结构特征

1）滑体物质组成及结构特征

据钻探、探井、探槽显示，滑坡体土主要为含碎块石、含角砾的粉质黏土，局部含滚块石和碎块石土，滑体厚 15.9 m，其成因主要为崩坡积和残坡积。

2）滑带物质组成及结构特征

据勘探，滑坡 A1 区滑带位于覆盖层与基岩的接触界面，岩性为含角砾的粉质黏土，可塑，角砾成分为强—中等风化泥灰岩，含量占 10% ~ 15%，分布较均一。滑带土厚度为 0.3 ~ 0.6 m。滑坡 A2 区和塌岸 B 区滑带位于覆盖层与基岩的接触界面，岩性为含碎砾石的粉质黏土，灰色，可塑，碎砾石含量占 35% ~ 45%，粒径 1 ~ 2.5 cm。

3）滑床基本物质及结构特征

滑坡基岩主要为三叠系中统巴东组二段泥灰岩，局部为泥质粉砂岩，浅灰色，青灰色，薄—中层状，强风化带厚 0.5 ~ 8.3 m，基岩顶板埋深 0.5 ~ 43.0 m。

图 6.3 为一典型工程地质剖面。

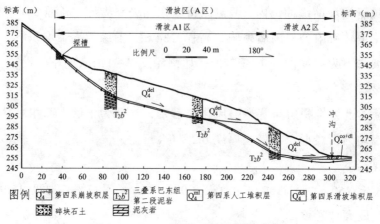

图 6.3　5—5′剖面工程地质剖面图

6. 滑坡水文地质

1）滑坡水文地质条件

滑坡区上覆松散土层与下伏基岩的双层结构，地下水按其赋存特征及水理性质分为基岩裂隙水和松散岩类孔隙水两类：基岩裂隙水主要赋存于三叠系中统巴东组的泥灰岩、粉砂质泥岩中，主要排泄于滑坡外围，滑体未见泉水露头，基岩强风化厚度 1~2 m，深部裂隙不发育，完整性较好，透水性较弱，滑床基岩富水性弱。松散岩类孔隙水的含水层主要是滑坡堆积物，为含粉质黏土（碎块石），一般厚度约 20 m，滑坡物质结构稍密。

2）滑坡区环境水对混凝土材料腐蚀性分析

采取滑坡前缘梅溪河河水 2 件进行水质简分析，结果表明：其对混凝土及钢筋混凝土结构中钢筋均无腐蚀性，对钢结构具弱腐蚀性。

6.2　稳定性分析

1. 计算工况

对于滑坡 A1 区和滑坡 A2 区，考虑其上房屋面积约占滑坡体面积的 1/20，房屋大都为民房，为 1~2 层砖房。勘探过程中，钻孔内大都未见地下水，地下水埋深大，本次计算未考虑地下水。奉节县属地震Ⅵ度区，根据技术要求，本次计算未考虑地震荷载，滑坡 A1 属不涉水滑坡，根据三峡地灾防治规模程度要求，本次只考虑自重天然状态、20 年一遇暴雨两种情况，即：

工况一：自重，安全系数 1.2。

工况二：自重 + 20 年一遇暴雨，安全系数 1.15。

对于塌岸 B 区，分南、北两端选取不同计算工况，北西段不稳定边坡坡脚高程为 183.0 m，不涉水，计算工况同滑坡 A1、A2 区。而南段库区边坡为涉水边坡，其计算工况应考虑到水库蓄水对库岸边坡的影响，即：

工况三：自重，安全系数 $F_{st} = 1.2$。

工况四：自重 + 水库蓄水 175.1 m + 非汛期 20 年一遇暴雨，安全系数 $F_{st} = 1.15$。

工况四：自重 + 水库水位从 175.1 m 降至 145.1 m + 非汛期 20 年一遇暴雨，安全系数 $F_{st} = 1.15$。

2. 计算参数

该滑坡防治工程等级为 Ⅱ 级，抗滑稳定安全系数为 1.15～1.20，本次计算未考虑荷载影响。经对岩土室内试验测试，对滑坡的反演分析及野外现场大剪试验，确定滑坡各力学指标见表 6.1。

表 6.1　计算采用的滑坡力学参数值

项 目	滑带抗剪强度				滑体抗剪强度		滑体重度		岩石天然重度
	天然状态		饱和状态		黏聚力	内摩擦角	天然重度	饱和重度	
	C/kPa	ϕ/(°)	C/kPa	ϕ/(°)	C/kPa	ϕ/(°)	γ(kN/m³)	γ_a	γ(kN/m³)
滑坡 A1 区	25	12.7	19.0	11.8	28	30	19.9	20.3	26.6
滑坡 A2 区	29.0	21.6	26.3	20.2	28	35	20.2	20.5	26.7
塌岸 B 区	23.8	19.2	20.0	18.0			20.2	20.5	26.7

3. 滑坡稳定状态

通过稳定性分析，可得出各滑坡在不同工况下的稳定状态，见表 6.2 和表 6.3。

表 6.2　黄瓜坪滑坡稳定状态

断面号		1—1′	2—2′	3—3′	4—4′	5—5′	6—6′
滑坡 A1 区	工况一	稳定	稳定	稳定	稳定	基本稳定	基本稳定
	工况二	稳定	稳定	基本稳定	基本稳定	欠稳定	不稳定
滑坡 A2 区	工况一	基本稳定	基本稳定	稳定	稳定	稳定	欠稳定
	工况二	欠稳定	不稳定	基本稳定	稳定	稳定	不稳定

表 6.3　黄瓜坪滑坡塌岸 B 区稳定性状态

断面号		塌岸前		塌岸后	
		8—8′	9—9′	8—8′	9—9′
塌岸 B 区	工况三	基本稳定	基本稳定	稳定	稳定
	工况四	欠稳定	不稳定	稳定	稳定
	工况五			稳定	稳定

　　对 8—8′和 9—9′剖面前缘库岸进行塌岸预测,得到的再造宽度和影响高度见表 6.4,图 6.4 为塌岸预测图解。

表 6.4　黄瓜坪滑坡群塌岸 B 区岸坡再造宽度及影响高度预测

剖面号	岸坡结构	岩性组合	塌岸宽度/m	塌岸影响高度/m
9—9′	上为粉质堆积土,其下为基岩	Q_4^{ml}/T_2b	6.39	178.00
8—8′	松散堆积体含碎块石粉质黏土	Q_4^{ml}/Q_4^{dl}	17.94	194.80

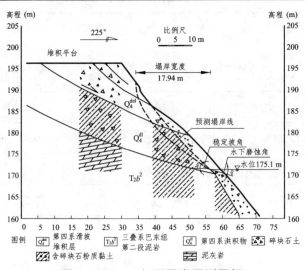

图 6.4　8—8′剖面塌岸预测图解

6.3 治理设计

6.3.1 剩余推力计算

1. 设计标准

按暴雨强度重现期 20 年、50 年一遇进行设计，安全系数分别为 $F_{st} = 1.15$，$F_{st} = 1.10$。

2. 设计工况

滑坡 A1、A2 属不涉水滑坡，设计工况为：自重 + 20 年一遇暴雨。塌岸 B 区属涉水滑坡，其设计工况为：自重 + 坝前水位 175 m + 20 年一遇暴雨。

3. 计算参数

计算参数同滑坡稳定性分析时的计算参数。

滑床水平基底系数为 200 MN/m³，地基摩擦系数为 0.5，滑体土地基抗力系数为 100 MN/m⁴，滑体土地基摩擦系数为 0.4。

4. 剩余下滑力计算

对滑坡体上 1—1′ ~ 6—6′共 6 条剖面，利用传递系数法计算滑坡剩余下滑力，图 6.5 为条分示意图，在工况一、工况二下分别进行剩余推力计算，计算结果见表 6.5、表 6.6。

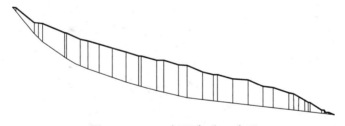

图 6.5　4—4′剖面条分示意图

表 6.5　黄瓜坪滑坡剩余下滑力计算结果

断 面 号		1—1′	2—2′	3—3′	4—4′	5—5′	6—6′
滑坡 A1 区	工况一	0	0	0	0	0	2 393.29
	工况二	0	0	337.00	1 384.46	2217.52	3 843.70
滑坡 A2 区	工况一	325.97	931.68	0	0	0	4 534.11
	工况二	518.17	1 214.62	295.00	0	0	6 232.69

表 6.6 黄瓜坪滑坡塌岸 B 区剩余下滑力计算结果

断面号		塌岸前		塌岸后	
		8—8′	9—9′	8—8′	9—9′
塌岸 B 区	工况三	76.71	0	85.93	0
	工况四	174.63	0	138.14	0
	工况五		0		0

6.3.2 工程布置

经综合评估后，确定该滑坡治理工程主要包括：A1 区，削方减载、前缘反压和排水；A2 区，前缘抗滑桩支挡、排水；B 区，前缘塌岸带削坡、护坡和排水方案。滑坡群治理工程总布置平面图如图 6.6 所示。

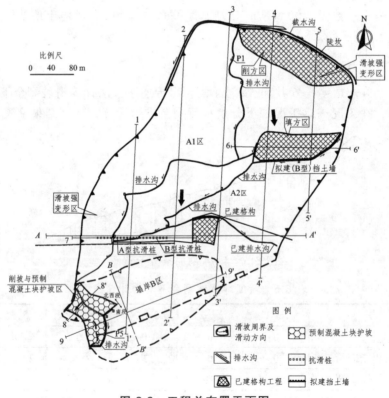

图 6.6 工程总布置平面图

1. 滑坡 A1 区

在 A1 区后缘外围布设排水沟，滑坡后缘东侧削方，考虑削坡后边坡的稳定性及土地的复垦复耕利用，采用分级削坡。滑坡前缘东侧填方并采用重力式挡土墙支护。此外沿 A1 区中部由北向南布设一条纵向排水沟（P1），A1 区前缘及填方区挡土墙外侧各布设一条横向排水沟，分别为 P2 排水沟、P3 排水沟。图 6.7 为 A1 区 4—4′剖面工程布置图。

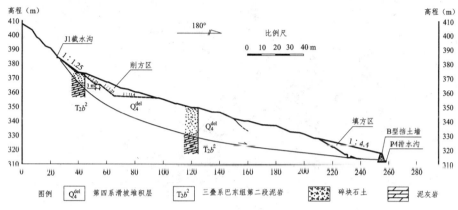

图 6.7 4—4′剖面滑坡治理工程断面图

2. 滑坡 A2 区

滑坡 A2 前缘也即渝巴公路内侧条石堡坎（挡墙）附近布设人工挖孔桩。为防止桩后回填土方的滑移，在有回填土地区段于桩后布设板墙。在滑坡 A2 区中部由北东–南西布设两条排水沟（P3、P4），与已建排水沟相连，组成一个完整的排水系统。图 6.8 为 A2 区 1—1′剖面工程布置图。

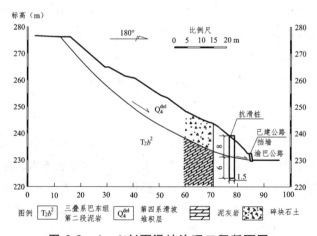

图 6.8 1—1′剖面滑坡治理工程断面图

3. 塌岸 B 区

对 B 区塌岸带（175.0 m 附近）北西侧采取整体削坡至稳定坡角（30°）后，与南部边坡一起采取预制混凝土块进行干砌护坡，坡脚采取墁石铺基础。在边坡中部分别布设一条纵向和一条横向排水沟（P5）。图 6.9 为塌岸 B 区 8—8′剖面工程布置图。

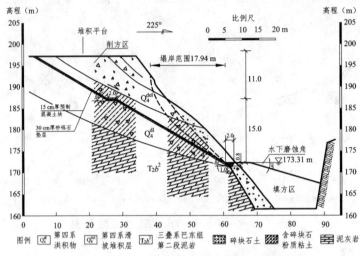

图 6.9　8—8′断面塌岸区治理工程断面图

6.3.3　结构设计

1. 结构设计参数

桩身内力采用截面法分别对滑面以上及滑面以下桩体按线弹性地基梁（m 法）进行内力计算。地基水平弹性抗力系数 K 取值为 200 MN/m³，基底摩擦系数取值为 0.5，桩侧摩阻力为 120 kPa，地基承载力为 800 kPa，锚固段地基横向容许承载力为 1 400 kPa。

挡土墙地基承载力特征值为 200 kPa，基底摩擦系数为 0.4。

2. 滑坡 A1 区

（1）排水工程：滑坡后缘 J1 截水沟设计长 461.5 m，矩形断面，尺寸为 0.6 m×0.6 m，坡降 0.033～0.622，靠山体内侧迎水面每隔 5 m 设计一道卵石层滤水，宽 0.4 m，高 0.4 m，外倾 5%。中部 P1 纵向排水沟设计长为 264.1 m，梯形断面，顶宽 0.9 m，底宽 0.7 m，高 0.8 m，坡降为 0.152～0.455。前缘 P2 排水沟设计长 355.6 m，矩形断面，尺寸为 0.7 m×0.7 m，坡降为 0.033～0.55 m，靠山体内侧迎水面每隔 5 m 设计一道卵石层滤水，宽 0.4 m，高 0.4 m。

以上截、排水沟墙体厚均为 0.25 m，采用 M7.5 浆砌块石。

（2）削方减载：滑坡后缘东侧于高程 330.10 m 分三级进行削方，削坡比为 1∶1.25（38°），第三级平台内侧边坡削至土石界面，平台宽 3 m，底部平台坡比 1∶11.4，削方厚度 2.26 ~ 11.3 m，削方面积 10 160.3 m²，削方量 64 187.23 m³。待工程竣工后，其边坡上可以进行复耕复垦。

（3）填方压脚：A1 区前缘于高程 293.60 m 处进行填方，填方厚度 3.3 ~ 6.0 m，填方面积 5 772.43 m²，填方量 19 172.5 m³。每 50 cm 分层碾压并夯实，压实系数不小于 0.94。填方边坡坡比为 1∶2.9 ~ 1∶4.4。前缘采用重力式挡土墙支挡，墙高 6 m，基础埋置深度 0.5 m；梯形断面，顶宽 1 m，面坡比 1∶0.35，背坡比 1∶0.3；采用 MU30 块石浆砌，M7.5 砂浆；其上设泄水孔两排，间距 2 m，排距 2.5 m，采用 ϕ150 mm PVC 管，墙后回填卵砾石层，厚 0.5 m。

3．滑坡 A2 区

（1）排水沟：A2 区填方挡土墙外侧布设 P4 横向排水沟 1 条，滑坡体中部设 P3 横向排水沟 1 条，总长 427.3 m，并与坡体上已建排水沟贯通。P3、P4 排水沟采用矩形断面，宽高均为 0.4 m，墙厚 0.25 m。沟床比降：P3 排水沟为 0.206 ~ 0.506，P4 排水沟为 0.08 ~ 0.37，靠山体内侧迎水面每隔 5 m 设计一道卵石层滤水，宽 0.4 m，高 0.4 m。

以上排水沟墙体厚均为 0.25 m，采用 M7.5 浆砌块石。

（2）抗滑桩工程：沿滑坡体前缘煤气管道内侧布设一排抗滑桩，以阻止其上土体从公路内侧挡墙顶部剪出，桩长设计以保证桩顶土体的稳定为目的。桩顶高程 239.391 ~ 244.515 m，设计桩型为 A、B 两类，均为人工挖孔桩，桩数 29 根。表 6.7 为抗滑桩的设计参数表。

表 6.7　抗滑桩设计参数表

项 目	根 数	界面尺寸	桩 长	锚固段长度	布设位置	桩间距
	根	m²	m	m		m
A 型	17	1.2×1.5	14	6.9 ~ 9.8	西 侧	6.0
B 型	12	1.5×2.0	18	9.5 ~ 13	东 侧	6.0

桩板墙共分三种类型，即高 1 m、2 m、3 m 板，厚度 30 cm，板宽均为 5 m，双面配筋。对于 A1 ~ A17 桩，板与桩体锚固段长为 10 cm，B1 ~ B12 桩，板与桩体锚固段长度为 75 cm，二者通过预埋桩体内的钢筋连接，并现浇 C25 混凝土。

挡板墙上布设泄水孔，对于 1 m、2 m 板布设一排，每单元 3 个，其间距为 1.6 m，距板底 0.4 ~ 0.6 m，其坡比大于 5%。墙后底部铺设厚 0.3 ~ 0.5 m 的黏土层止水，其后回填厚 0.5 m 卵砾石层。对于 3 m 板布设两排泄水孔，每单元共 5 个，梅花形布设，间距 1.6 m，排距 1.5 m，下部一排距板底 0.6 m，其坡比大于 5%。墙后铺设厚 0.5 m 黏土止水，其上仍回填厚 0.5 m 卵砾石层。以上泄水孔均采用 ϕ100 mm PVC 管制作。

4. 塌岸 B 区

（1）削坡：北西段分两级削坡，削坡坡度均为 30°，第一级削坡高度为 15.0 m，第二级削坡高度为 11.0 m，平台宽 3.0 m；南段分两级护坡，第一级护坡高度 7.8 m，坡度 30°，平台宽 2 m，第二级护坡高度 8.1 m，坡度 17°。以上均采用机械削坡。

（2）干砌混凝土预制块护坡：修整后的坡面采用混凝土预制块干砌护坡，预制块平面为正六边形，边长 289 mm，直径 500 mm，厚 150 mm，强度等级为 C25。每块之间的缝隙用 M7.5 砂浆找平；其上预留泄水孔，梅花形布置，间距 2.0 m，直径 D 为 50 mm，并与地面上预留的专用盲沟管联通，比降 $i = 1\%$。预制混凝土背面坡体上布设厚 300 mm 砂砾石垫层。

（3）排水沟：沿北西段已治理边坡与其南侧未治理边坡纵向布置，并与二级平台横向排水沟相连接；为 P5 型排水沟，设计断面为梯形，长 98.3 m，顶宽 0.75 m，底宽 0.4 m，高 0.5 m，坡降为 0.05 ~ 0.75。

6.4 施工及监测

6.4.1 施工工艺

该滑坡治理工程主要采取排水、抗滑桩、削方填方、干砌预制混凝土块护坡等措施。进场前按监测设计做好滑坡监测，然后进场施工。

排水工程采用人工挖方，弃土就地堆放。外围截水沟、排水沟应设置在滑坡体或老滑坡后缘最远处裂缝 5 m 以外的稳定斜坡面上。沟底比降无特殊要求，以顺利排除拦截地表水为原则。根据外围坡体结构，截水沟迎水面需设置泄水孔，尺寸推荐为 200 mm × 200 mm ~ 400 mm × 400 mm。陡坡和缓坡段沟底及边墙应设伸缩缝，缝间距 10 ~ 15 m，伸缩缝处沟底应设风前墙，伸缩缝内应设止水或反滤盲沟或同时采用。有明显开裂变形的坡体应及时用黏土或水泥浆填实裂缝，整平积水坑、洼地，使落到地表的雨水能迅速向排水沟汇集排走。

抗滑桩工程采用人工挖孔桩，钢模支护、C20 钢筋混凝土护壁，人工安装绑扎钢筋笼，桩芯采用 C30 钢筋混凝土现场连续浇注。采用跳跃方式，每次间隔 1~2 孔。基岩段因附近有天然气管道，不宜采用爆破方式开挖。可采用空压机等设备进行。

削方填方用机械挖方，用铲车运送土方。

6.4.2　监　测

1. 监测内容

（1）滑坡地表绝对位移监测

在滑坡外围稳定基岩体内埋设 4 个控制点，分别布设于滑坡外围东西两侧（各 1 个）、滑坡后缘外围 4 – 4′剖面附近（1 个）、滑坡外围西北侧（1 个）。

在剖面上布置 33 个监测点。2—2′剖面附近 6 个、3—3′剖面附近 2 个、4—4′剖面附近 7 个、5—5′剖面附近 4 个、4—4′剖面和 5—5′剖面之间的地表裂缝附近 6 个、A1 区拟建挡土墙上 3 个、B 区浆砌片石边坡中上部 5 个监测点。各点具体位置如图 6.10 所示。

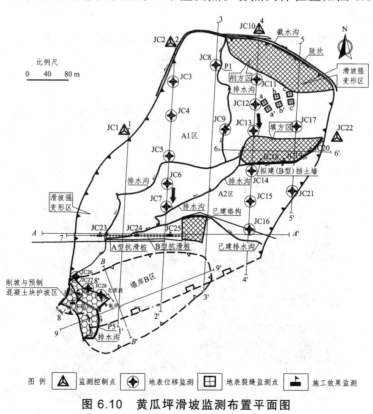

图 6.10　黄瓜坪滑坡监测布置平面图

（2）抗滑桩效果监测

为了检测抗滑桩防治效果，在成孔后成桩前预埋 3 个传感压力盒对其进行监测，监测数据用于反馈设计，指导后续工程施工。

2. 监测工程设计

（1）地表大地变形监测

地表大地变形监测是滑坡与塌岸监测中最常用的方法。本工程选用精度指标为[1″，±（2 mm + 1 × 10^{-6}）]以上的全站仪实施监测。本滑坡为土质滑坡，其水平和垂直位移监测精度一般要求达到 ±（5 ~ 10）mm。水平位移监测采用全站仪按视准线法观测；垂直位移监测采用全站仪进行精度三角高程测量。

（2）地表裂缝相对位移监测

地表裂缝监测用于监测地裂缝伸缩变化和错位情况。本工程采用千分卡直接量测。测量精度 0.1 ~ 1.0 mm。监测点选择在裂缝两侧，两个一组，在裂缝两侧设固定木杆，以观测裂缝张开、闭合等变化。

（3）抗滑桩效果监测

压力盒用于抗滑桩受力监测，以了解滑坡体传递给桩的压力。使用中应选用稳定性、抗震及抗冲击性能、密封性等综合指标较好的传感器。

6.5 工程治理效果评价

黄瓜坪滑坡群治理工程由减载、挡土墙、抗滑桩、护坡和排水沟组成。2014 年对黄瓜坪滑坡进行实地调查，图 6.11 为黄瓜坪滑坡现状全貌图。

图 6.11 黄瓜坪滑坡现状全貌图

经调查，挡土墙和抗滑桩未发生变形，结构完整，访问滑体上居住的居民，了解到滑体上的建筑物也未发生变形；原来的填方区有裂缝、泉水出露和小型溜塌，具体位置如图6.12所示。综上所述，黄瓜坪滑坡总体治理效果良好，仅有零星溜塌现象，不影响整体稳定性。

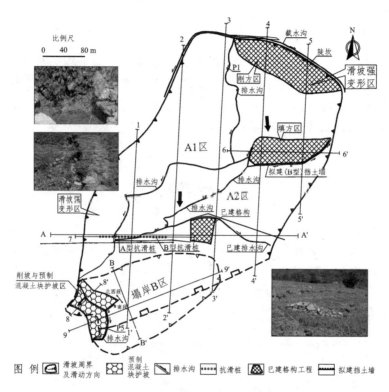

图 6.12 滑坡体上泉水、溜塌和裂缝

第7章 狮子包滑坡

云阳县狮子包滑坡群为由人工挖方、滑坡后缘堆载改变了土体原有的力学平衡，大气降雨诱发产生的土质滑坡，分为Ⅰ、Ⅱ、Ⅲ、Ⅳ区。滑坡群威胁到云阳县国土局职工宿舍楼、电缆线、天然气管道和滨江路的安全。根据滑坡情况，采取抗滑桩、桩板式挡墙、格构锚固、土钉墙、减载和截排水等多种措施治理滑坡。

7.1 滑坡概况

勘查区位于重庆市云阳县双江镇，具体位置为新县城中环路南侧下部，地理坐标：经度108.697 2°，纬度30.927 6°。交通有水路和公路，水路以长江为主，公路向西通往万州区、重庆市，向东通往奉节、巫山至湖北巴东；上、中环路为云（万）（县）交通干线，交通方便（见交通位置图7.1）。

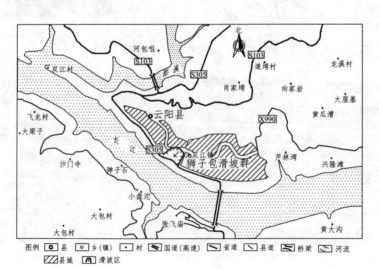

图7.1 交通位置图

1. 气象水文

该区属亚热带季风气候区，多年平均气温 15.5 ~ 18.4 ℃，最高气温 39.6 ℃，多年平均蒸发量 1 043.9 ~ 1 190.6 mm，多年平均降水量 1 026.7 ~ 1 423.7 mm，降水多集中于 5 ~ 10 月，占年降水量的 66.2% ~ 71.7%。1982 年 7 月的最大日降雨量达 240.9 mm，最大时降雨量达 38.8 mm。

三峡库区三期水位高水位为 175.1 m 水位线，由于滑坡体前缘最低处标高为 233.1 m，拟建滨江路路面标高为 195.5 m，故长江三期水位对滑坡体无影响。

2. 地质构造与地震

勘查区地处新华夏系四川沉降带川东褶皱束北东端，硐村背斜北西翼近轴部；岩层为单斜构造，产状 239°∠8°。区内未见断层通过，第四纪以来，区内新构造运动以差异性、间歇性的抬升为主要特点。

根据国家质量技术监督局 2001 年 8 月 1 日颁布的《中国地震参数区划图》（GB 18306 —2001），本区的地震动峰值加速度值为 0.05g，反应谱特征周期为 0.35 s。据《建筑抗震设计规范》（GB 50011—2001），本区的地震基本烈度为Ⅵ度。

3. 滑坡地形地貌

（1）Ⅰ区

Ⅰ区滑坡位于重庆市云阳县新县城国土局办公大楼与 4#宿舍楼西侧、狮子包庙岩子北侧陡崖顶部，北临中环路。原地形为一北高南低的冲沟，在拟建中环路、云阳县国土局办公大楼及 4#宿舍楼时，对该场地进行人工弃土堆填及对该场地北部进行人工建筑垃圾堆填，形成北东高、南西低一斜坡，坡度角约 21°，场区总体地形北高南低。

场地地貌形态总体属侵蚀中低山河谷斜坡地貌。

（2）Ⅱ区

Ⅱ区滑坡位于狮子包庙岩子北东侧陡崖上部，云阳县国土局 4#宿舍楼南侧及Ⅰ号区西侧，原 1#宿舍楼南西侧陡崖下部及滨江路上部区域。场地地形北西高南东低，滑坡位处于斜坡中下部地段；东侧为陡崖，高约 15 m；滑坡前缘因人工切坡形成高约 9.00 ~ 20.0 m 高的人工边坡，坡度近 90°。勘查区内高程 198.6 ~ 241.0 m，相对高差 42.4 m，平均坡角约 19°。2004 年 12 月在对Ⅲ号区进行排危处理时，其弃土大部分均堆积在该滑坡东侧，对该滑坡的稳定产生较大影响。

场地地貌形态总体属侵蚀中低山河谷斜坡地貌。

（3）Ⅲ区

Ⅲ区为崩滑体，位处狮子包庙岩子北东侧陡崖及原 1# 宿舍楼南西侧陡崖上，云阳县新县城中环路建行宿舍（砖 8）区南侧，上接建行宿舍区，下段紧邻正在建设中的滨江公园及滨江路，国土局 2#、3# 宿舍楼紧邻该崩滑体。

地形北高南低，南西侧为陡崖，南东侧为斜坡，坡度约 20°；东侧地形呈陡坡，坡度约 40°；北侧呈阶梯状陡坎，坡度约 20°；场地内总体标高 215.0～252.5 m，坡高约 37.5 m、坡角约 13°～90°。

2005 年 6 月 11 日该崩滑体东侧发生崩滑，使崩滑体前缘的土钉墙护坡区大都遭受破坏；该陡崖下见一大裂缝，宽约 1.80 m，深约 3.50 m，北西、南东向延伸，北西段呈弧形，该裂缝南西侧约 2.5 m 处见另一裂缝，宽约 0.70 m，深度约 2.30 m，南东向延伸。崩滑体中部至前缘大部分均为崩滑堆积体所覆盖。

场地地貌形态总体属侵蚀中低山河谷斜坡地貌。

（4）Ⅳ区

Ⅳ区滑坡地形为一北高南低的斜坡地段，在建设中环路、云阳县国土局 1#～3# 宿舍楼时对该场地进行了大量人工弃土堆填，场地内高程 205.0～262.0 m，相对高差 57.0 m，平均坡角约 29°，滑坡体后缘局部为陡崖。勘查区前缘为电力公司拟建场地，电力公司对该勘查区前缘进行了大面积的人工切坡，形成一长约 282.5 m，高约 12.0～21.0 m 人工切坡区。

场地地貌形态总体属侵蚀中低山河谷斜坡地貌。

4. 滑坡空间形态

（1）Ⅰ区

Ⅰ区由强变形区及弱变形区组成，受强变形体牵引作用的影响导致滑坡上部土体向下滑动，其变形较弱。

强变形区前缘剪出口高程 243.8 m，后缘高程 265.6 m，高差 21.8 m。滑坡体平面上呈"长舌"状，长约 54.0 m，宽约 38.0 m，面积约 1 650 m²，平均厚 8.0 m，体积 1.65×10^4 m³。滑坡主滑方向 225°。

弱变形区前缘剪出口连接北侧边界，前缘剪出口高程 250.0～263.6 m，后缘高程 264.8～269.2 m，高差 19.2 m。滑坡体平面上呈不规则扇形，长约 28.0 m，宽约 43.0 m，面积约 1 106.6 m²，平均厚 13.0 m，体积 1.11×10^4 m³。滑坡主滑方向 194°。

Ⅰ区平面总体呈"长舌"状，前缘剪出口高程 243.8 m，后缘高程 264.8～269.2 m，高差 25.4 m，长约 56.0 m，宽约 45.8 m，面积约 2 756 m²，平均厚 10.0 m，体积 2.76×10^4 m³，滑坡主滑方向 225°。

（2）Ⅱ区

滑坡平面形态呈扇形，前缘高程216.6～222.5 m，后缘高程约242.2 m；滑坡长约88.0 m，宽约124.0 m，面积约4 817.8 m²；滑坡体平均厚度约7.0 m，体积约3.4×10⁴ m³。滑坡体主要受人工切坡的控制，滑坡主滑移方向为212°。

（3）Ⅲ区

崩滑体平面形态呈不规则扇形，长约93 m，宽约86 m，面积约3 574 m²；前缘高程215.0 m左右，后缘高程252.5 m。崩滑体中部砂岩厚度约8.2 m，下部粉砂质泥岩厚度约16.30 m，体积约8.7×10⁴ m³。经现场调查，滑坡前缘及中部变形轻微，而后缘位移10～50 mm，裂缝长0.05～1.80 m，拉裂缝方向与坡面平行。

在该斜坡下部粉砂质泥岩岩体中见50～150 mm泥化夹层，为滑坡潜在的滑动面，其变形特征不明显。滑坡受人工切坡及外倾裂隙控制，根据地表拉裂缝及原1#宿舍楼变形特征判断，本次勘查确定该滑坡主滑移方向为214°。

（4）Ⅳ区

Ⅳ区总体呈扇形，最长约283.0 m，宽约86.0 m，面积约1.6×10⁴ m²，体积约7.9×10⁴ m³；滑坡体为土质滑坡。Ⅳ区前缘高程236.5～205.0 m，表现特征为土体向开挖区滑移。滑坡区平面形态呈扇形，受原始地形的控制，其滑移方向各不相同，根据地表主变形特征判断，位移方向151.5°～246.8°，主滑移方向为203°。

5．滑坡物质组成及结构特征

1）Ⅰ区、Ⅱ区、Ⅲ区

滑坡体由人工填土及原状粉质黏土组成。滑带土为粉质黏土，滑床为粉砂质泥岩。

（1）滑体

人工填土（Q_4^{ml}）：主要为建设过程中回填的粉质黏土夹砂、泥岩碎块石。

粉质黏土（Q_4^{el+dl}）：浅黄色，含少量粉砂质泥岩碎块，可塑。主要分布滑坡体前缘下部。

（2）滑带

滑带土位于基岩与粉质黏土接触带，滑带土致密具滑感，吸水后泥化，黏性较强。滑带土内擦痕十分清晰，可见到多个磨光面，磨光面平直、光滑，局部有压密、压实定向构造等特征（见图7.2、图7.3），该滑带土透水性较差，层厚0.07～0.27 m。

图 7.2　Ⅰ区滑坡滑带照片　　　　　　　图 7.3　Ⅱ区滑坡滑带照片

（3）滑床

根据勘探工程揭露、地面地质调查及工程地质剖面图分析，滑床为侏罗系中统上沙溪庙组（J_2s）粉砂质泥岩，紫灰色，粉砂泥质结构，中厚状构造；主要由黏土矿物组成，局部含砂质条带。该滑坡区内地层产状：239°∠8°，为单斜岩层。其形态受原始地形控制，滑床倾斜方向与地表形态相似，北东高，南西低，滑床坡角 6°~17°，呈后陡前缓形态，两侧高于中间，呈"V"形沟。

图 7.4 为Ⅲ区 11—11′剖面工程地质剖面图。

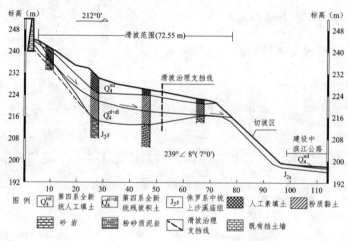

图 7.4　11—11′工程地质剖面图

2）Ⅳ区

崩滑体主要由砂岩、粉砂质泥岩及粉质黏土组成，局部见少量滑坡堆积土。

（1）滑体

①人工填土（Q_4^{ml}）：为素填土，主要为建设过程中回填的粉质黏土夹砂、泥岩碎块石。

②粉质黏土（Q_4^{el+dl}）：浅黄色，夹砂岩碎块，粒径 2～17 cm，含量约 5%～20%，可塑，分布于崩滑体前缘下部。

（2）滑带

根据勘探工程揭露、地面地质测绘及工程地质剖面图分析，滑移带上部由砂岩、粉砂质泥岩、粉质黏土及人工填土组成，后缘上部为人工填土层、粉砂质泥岩，中部为砂岩，下部为粉砂质泥岩滑床；前缘剪出口为粉砂质泥岩体。砂岩体受构造、边坡卸荷裂隙及人工加载的影响，砂岩体切割成块状，块状砂岩体向粉砂质泥岩体切割使粉砂质泥岩体挤压成碎块状，形成较完整的滑移带，该滑移带沿砂岩岩体结构面及粉砂质泥岩体破碎带呈折线状剪切滑移。

（3）滑床

根据勘探工程揭露、地面地质调查及工程地质剖面图分析，滑床岩性为侏罗系中统上沙溪庙组（J_2s）粉砂质泥岩，岩体中裂隙不发育，地层倾角平缓，故滑床稳定。地层产状：239°∠8°，为单斜岩层。滑床倾斜方向受剪切面控制，主滑移方向与地表形态相似，北东高、南西低，滑床坡角约 28°。

6. 滑坡水文地质

区内的主要地下水类型为松散岩类孔隙水及基岩裂隙水。大气降雨是该区地下水主要补给来源，地下水主要沿基岩内裂隙径流，以泉点或渗水形式排泄。松散岩类孔隙水主要富集于块石土及碎裂岩层中，基岩裂隙水主要赋存于节理裂隙发育的基岩层中，砂岩裂隙为透水介质，经岩土孔隙、裂隙渗流，以泉点或渗水形式排泄。

地下水及地表水 pH 为 7.67～7.85，属重碳酸钙型水，对混凝土无腐蚀。

7.2 稳定性分析

1. 计算工况

按《三峡库区三期地质灾害防治工程地质勘查技术要求》规定，该滑坡为不涉水滑坡，将滑坡稳定性计算划分为两种工况：

工况1：自重＋地表荷载。

工况 2：自重 + 地表荷载 + 50 年一遇暴雨（$q_{全}$）。

现状条件下：用天然重度计算。

暴雨条件：该滑坡处于 175.1 m（吴淞高程）上，为不涉水滑坡，滑坡体由人工填土、粉质黏土组成，区内无完整统一潜水面，区内仅在大气降雨时地表水向滑坡区渗透，故暴雨条件下考虑滑体全饱和，用饱和重度计算。

荷载：采用平均分布法算建筑荷载，取值 4 kN/m²，计算出附加荷载约为 0.5 kN/m²。

2. 计算参数

参数取值依据：主要根据现场试验、室内试验，结合滑坡体的现状、土体颗粒分选性及滑坡稳定性敏感性因素等，对滑带土的抗剪强度指标进行权重分析，综合确定滑坡体计算时各项参数见表 7.1、表 7.2。

表 7.1 滑体重度取值

指标 ＼ 滑坡	Ⅰ 区	Ⅱ 区	Ⅲ 区		Ⅳ 区	
天然状态 γ/（kN/m³）	19.46	19.3	粉质黏土	19.7	粉质黏土	20.0
			砂岩	25.44	人工填土	18.8
			粉砂质泥岩	25.23		
饱和状态 γ/（kN/m³）	19.6	19.9	粉质黏土	20.3	粉质黏土	20.5
			砂岩	25.56	人工填土	19.5
			粉砂质泥岩	25.87		

表 7.2 滑带抗剪强度指标取值

指标 ＼ 滑坡	Ⅰ 区	Ⅱ 区	Ⅲ 区	Ⅳ 区
天然/饱和状态 C/kPa	17.5/13.5	17.5/13.0	28/27	16.5/14.5
天然/饱和状态 ϕ/（°）	13.0/9.5	13.0/9.5	16.5/15.5	13.5/12.5

3. 稳定状态

根据《三峡库区三期地质灾害防治工程地质勘查技术要求》，滑坡稳定状态分级见表 7.3。划分治理工程等级为 Ⅰ 级，结合变形特征及其危害程度，滑坡稳定性安全系数 F_{st} 取 1.25。各滑坡稳定状态见表 7.4。

表7.3　滑坡稳定状态分级

滑坡稳定性系数	$K<1.00$	$1.00<K\leqslant1.05$	$1.05<K\leqslant F_{st}$	$K\geqslant F_{st}$
稳定状态	不稳定	欠稳定	基本稳定	稳定

注：F_{st}为滑坡稳定性安全系数。

表7.4　各滑坡稳定状态

稳定状态 计算位置		验算状态	
		工况1	工况2
		稳定状态/剩余推力（kN/m）	
Ⅰ区	5—5′	稳定/0	不稳定/423.34
	6—6′	稳定/0	基本稳定/30.02
Ⅱ区	11—11′	稳定/0	欠稳定/387.93
	12—12′	稳定/0	不稳定/294.79
Ⅲ区	13—13′	稳定/0	稳定/0
	14—14′	稳定/0	不稳定/917.59
	15—15′	稳定/0	稳定/0
	W14—W14′	基本稳定/0	不稳定/1058.41
Ⅳ区	19—19′	基本稳定/0	不稳定/203.12
	20—20′	基本稳定/0	不稳定/206.67
	22—22′	基本稳定/0	欠稳定/425.42
	23—23′	基本稳定/0	不稳定/422.60
	24—24′	基本稳定/0	不稳定/412.64
	25—25′	基本稳定/0	不稳定/405.59

7.3　治理设计

7.3.1　剩余推力计算

1. 设计等级

Ⅰ区安全等级采用Ⅰ级，安全系数$K=1.2$；Ⅱ、Ⅲ、Ⅳ区采用Ⅱ级，安全系数$K=1.15$。

2. 设计工况

自重 + 地表荷载 + 暴雨（Ⅰ级为 50 年一遇；Ⅱ级为 20 年一遇）。

地表排水工程的设计标准按 20 年一遇设计。

3. 计算参数

通过对滑带土物理力学性质室内试验、大剪试验和反算结果进行分析，结合滑坡的变形特征、变形破坏模式和监测结果，设计时选取专家评审通过的地勘报告推荐值作为滑坡治理工程稳定性分析计算参数。

4. 剩余推力计算

滑动面为折线型，故本次采用传递系数法进行推力计算。具体推力数值见抗滑桩设计特性表。

7.3.2　工程布置

（1）Ⅰ区滑坡：采用抗滑桩支挡滑坡，布置 5 根 $D = 2.0$ m，$H = 15 \sim 19$ m 的抗滑桩支挡，对人行梯步开挖一侧修建桩板式挡土墙（16 根 $H = 6 \sim 18$ m 的桩）。

（2）Ⅱ区滑坡：实施减载稳定，减载工程量 1 527 m³。

（3）Ⅲ区滑坡：修建截面 1.2 m×1.2 m，桩长 13 m 的桩板式挡土墙，共布置 5 根桩，桩间采用挡土板，设计长度 21.2 m；坡面减载，减载后坡面采用钢筋混凝土格构锚支护，对下边坡采用土钉墙支护。共布置 ϕ90 锚孔 4 142 m，土钉墙防护面积 1 188 m²。

（4）Ⅳ区滑坡：采用抗滑桩对滑坡进行支挡，布置 31 根 $H = 8 \sim 12$ m 的抗滑桩对滑坡进行支挡，对推力较小的 18～20 剖面采用钢筋混凝土格构锚进行支护，共布置 ϕ90 锚孔 2 184 m；对 18～20 剖面的上下边坡采用土钉墙进行支护，支护面积 2 312 m²。

（5）滑体后缘和中部修建截水沟。

（6）布置地表位移监测和结构物变形监测点。

图 7.5 为治理工程平面布置图，图 7.6 为Ⅳ区 20—20′剖面治理工程布置图。

7.3.3　结构设计

1. 结构计算参数

（1）抗滑桩设计参数

按滑坡推力和主动土压力大者控制设计，根据计算的各桩身截面的配筋量进行配筋。

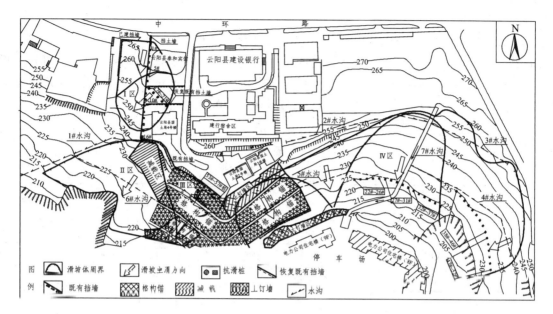

图 7.5 治理工程平面布置图

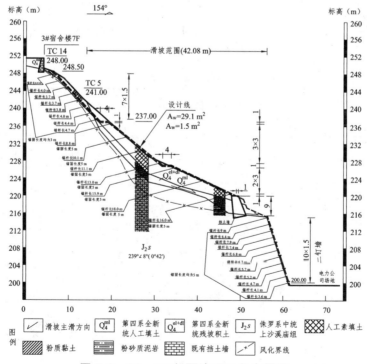

图 7.6 20—20′剖面治理工程布置图

抗滑桩计算中：

Ⅰ区地基系数 $K = 80$ MN/m^3；地基横向承载力特征值 $f_H = 0.8 \times 0.35 \times 15.79 = 4.42$ MPa；嵌固段为土层的，按中密填土查规范取 $m = 20$ MN/m^4 计算，地基横向承载力特征值 $f_H = 0.5$ MPa；Ⅳ区地基系数 $K = 60$ MN/m^3（强风化带按 $K = 30$ MN/m^3）；地基横向承载力特征值 $f_H = 0.8 \times 0.35 \times 6.87 = 1.92$ MPa（强风化带按 $f_H = 1.00$ MPa 控制设计）。

（2）挡土墙设计参数

计算参数见表 7.5。

表 7.5　挡土墙计算参数表

滑坡编号	填土重度 / (kN/m^3)	综合 ϕ 取值 / (°)	容许承载力 /MPa	基底摩擦系数	地基土说明
Ⅰ区	19.6	28	0.2	0.3	土层
Ⅲ区	19.6	28	1.05	0.5	岩层
Ⅳ区	20.5	28	0.35	0.5	岩层

2. 抗滑桩设计

（1）Ⅰ区滑坡

布置 5 根 $D = 2.0$ m，$H = 15 \sim 19$ m 的抗滑桩支挡，对人行梯步开挖一侧修建桩板式挡土墙（16 根 $H = 6 \sim 18$ m 的桩），具体情况见表 7.6。

表 7.6　Ⅰ区滑坡抗滑桩设计参数

桩编号	设计桩长 /m	设计截面		设计推力 / (kN/m)	锚固长度 /m	锚固地层	护壁	
		宽/m	高/m				深度/m	厚度/m
1	6	1	1.20	0（挡土）	3	土层	6	0.2
2	10	1.2	1.20	0（挡土）	5	土层	7.5	0.2
3，11～14	13	1.2	1.20	0（挡土）	6.5	岩层	6	0.2
4，15	16	1.2	1.20	0（挡土）	7.2	岩层	8.8	0.2
5，7，10，16	18	1.2	1.50	0（挡土）	7.5	岩层	10.5	0.2
6，9	14	1.2	1.20	0（挡土）	5.5	岩层	8.5	0.2
8	12	1.2	1.20	0（挡土）	5.4	岩层	6.5	0.2
17，18，19	19	圆桩	$D = 2$	670	7.8	岩层	11.2	0.2
20～21	15	圆桩	$D = 2$	250	6	岩层	9	0.2
合计							74.5	

（2）Ⅲ区滑坡

在Ⅲ区布置5根抗滑桩，桩的结构设计均采用Ⅰ区3#抗滑桩（由土压力控制）及相应的挡土板的结构设计。

（3）Ⅳ区滑坡

根据各剖面的推力计算，共布置31根抗滑桩支挡，具体情况见表7.7。

表7.7　Ⅳ区滑坡抗滑桩设计参数

桩编号	设计桩长/m	设计截面		设计推力/（kN/m）	锚固长度/m	锚固地层	护壁/m	
		宽/m	高/m				深度/m	厚度/m
22～26	12.5	1.2	1.20	300	5.5	岩层	7	0.2
27～31	10	1.2	1.50	350	5.5	岩层	4.5	0.2
32～37	10	1.2	1.50	390	5.5	岩层	4.5	0.2
38～46	11	1.2	1.50	280	5	岩层	6	0.2
47～52	10	1.2	1.20	160	4	岩层	6	0.2
合计							28	

3. 钢筋混凝土格构锚

Ⅲ区：主要对减载后稳定的坡面进行防护，防止坡面局部垮塌和掉块危及滨江路的安全，也为了保证滑体后缘的国土局大院的安全性提高，因而采用A型锚杆加钢筋混凝土格构，格构中下部采用2.5×3（水平×竖直）方格，上部边坡较陡段采用2.5×2的方格；其主要指标见表7.8。

Ⅳ区：由于18～21剖面横坡较陡，后缘为国土局宿舍，前缘陡坎下为电力小区，减载和支挡有困难，由于最大的推力为151 kN/m，因而采用格构锚支挡，既解决滑动稳定问题，也解决较陡的边坡不稳定的问题；其主要指标见表7.8。

表7.8　格构锚设计参数

滑坡编号	锚杆平均长度/m	格构截面		设计推力/（kN/m）	锚固长度/m	锚孔		
		宽/m	高/m			直径	总长度/m	孔数
Ⅲ	13.5	0.4	0.30		5	ϕ90	4 142	306
Ⅳ	12.5	0.4	0.30	151	5	ϕ90	2 184	175

格构每 15 m 长设置一条施工缝（设置双肋柱），缝宽 2 cm。

4. 土钉墙设计

Ⅲ区和Ⅳ区采用土钉墙治理。

Ⅲ区：在滑坡体前缘滨江路的切坡区，由于坡比陡于稳定坡角，对滨江路有一定的危害，因此修建土钉墙护坡，土钉间距 1.5 m×1.5 m（水平×竖直），采用 B 型锚杆，其主要指标见表 7.9。

Ⅳ区：在 18 ~ 21 坡面后缘，为保护国土局的 2#、3# 楼的安全，修建土钉墙，在前缘电力小区的切坡区，由于坡比陡于稳定坡角，因而也修建土钉墙；土钉间距 1.5 m×1.5 m（水平×竖直），采用 B 型锚杆，其主要指标见表 7.9。

表 7.9　土钉墙设计参数

滑坡编号	锚杆平均长度 /m	面板厚度 /m	锚固长度 /m	锚孔		
				直径	总长度/m	孔数
Ⅲ	4.4	0.2	3	$\phi75$	2 428	556
Ⅳ	6.2	0.2	3	$\phi75$	5 151	834

5. 挡土墙设计

Ⅰ区滑坡：在人行梯步开挖边坡小于 3.5 m 的地段（6 m 长）修建挡土墙（衡重式）支护；对国土局大院内的既有挡土墙由于变形破坏较严重，采取重新修建（具体尺寸见表 7.10）。

表 7.10　挡土墙设计参数

滑坡编号	墙高/m	截面形式	修建长度/m
Ⅰ	3 ~ 4	衡重式	6
Ⅰ	7.0	衡重式	58
Ⅲ	8	重力式	45
Ⅳ	3 ~ 4.5	重力式	47
合计			

Ⅲ区滑坡：在滑坡后缘即国土局大院的外侧，修建高 8 m 的挡土墙（重力式）（具体尺寸见表 7.10）。

Ⅳ区：在 18～20 剖面滑坡的前缘，由于坎下为电力小区，为保证边坡土不下掉，因而修建挡土墙（重力式）（具体尺寸见表 7.10）。

6. 截排水沟的断面设计

截排水沟设计参数见表 7.11。

表 7.11 截排水沟设计参数表

名称	单位	数量
设计采用浆砌块石梯形水沟		
粗糙系数 n		0.02
水沟底宽 b	m	0.50
左沟壁斜率 m_1		1.00
右沟壁斜率 m_2		0.00
水沟深 h	m	0.50
安全超高 Δ	m	0.20
水力半径 R	m	0.16
水力坡降 I		0.02
过水断面 W	m^2	0.38
验算流量		917

7.4 施工及监测

7.4.1 施 工

工程主要施工项目有：桩板式挡土墙，抗滑桩、格构锚、浆砌块石格构、浆砌片石排水沟。由于滑坡治理的紧迫性，4 个滑坡的治理工作应同时施工。

抗滑桩施工挖孔采取人工开挖及风镐剥削方式相结合的开挖方案。挡土墙施工应每 10 m 长（或截面变化处）分段设置沉降缝，缝宽 2 cm，泄水孔上下间距 2 m，交错布置，在衡重台处应布置泄水孔；反滤层采用碎石，填筑厚度 0.4 m，沿墙背填筑。墙背填料应采用透水性较好的砂性土。锚杆施工时滑坡体上地层破碎，且块石含量多，大小不均，应用合金筒状回转钻进成孔或用全面钻进成孔，如垮塌严重，应跟管钻进。

7.4.2 监 测

本滑坡群监测内容有如下几项：

（1）地表位移监测

在滑坡的四个区的两端稳定地层上共设置 14 个控制点桩（KZD）。在滑坡体以及减载后的坡面或格构交叉点的位置设表面位移观测点 18 个；在 12 根抗滑桩的桩顶设位移观测标。

（2）深部位移监测

在 18#、24#、31#、41#抗滑桩上布置 4 个深部位移监测孔。

（3）抗滑桩内力监测

在 1—1′剖面穿过的 17#桩和 24—24′剖面穿过的 34#桩上预测的滑面位置上下分三层安装 6 个钢筋应力计，对抗滑桩的受力情况进行监测。

（4）裂缝观测

在滑坡后缘有裂缝的位置及有建筑物开裂的位置，根据现场情况布设裂缝观测点。

监测平面布置图如图 7.7 所示。

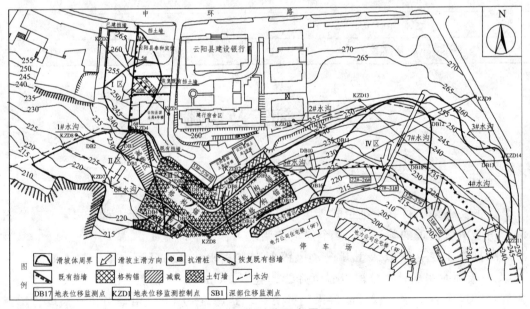

图 7.7　监测平面布置图

7.5 工程治理效果

2014 年对该滑坡现状进行实地调查，该工程由支挡工程、挡土墙、锚杆、格构梁、土钉墙、减载及排水沟构成，图 7.8 为电力职工宿舍治理高边坡的土钉墙。

图 7.8 土钉墙

经调查，滑坡体上的道路路面有开裂现象（见图 7.9），民房有开裂现象（见图 7.10），访问居民，房屋开裂是因为"汶川地震"导致的。目前的《建筑抗震设计规范》（GB 50011—2010），本区的地震基本烈度为Ⅵ度，滑坡稳定性计算和设计时均不考虑地震影响。通过这次调查发现地震对本地区的建筑物稳定性有影响，为了安全起见，建议慎重考虑地震荷载的作用。

图 7.9 路面开裂

图 7.10 房屋开裂

第8章　三峡库区重庆段塌岸概述

三峡库区跨越不同地貌单元，岸坡结构类型复杂，库水动力作用强烈，塌岸模式多种多样。塌岸点多面广，危害十分严重。加之水库岸坡上城镇密集、人口集中、交通枢纽设施纵横交错，库岸塌岸将会威胁库区两岸人民的生命财产安全。同时库岸塌岸是造成水库淤积的主要物质来源之一，轻则缩短水库的使用寿命，重则导致水库报废和整个水利水电工程瘫痪。因此在三峡库区地质灾害治理的过程中十分重视塌岸的治理。

1. 塌岸的分布

据三峡库区重庆段资料的统计，区内塌岸集中在万州区、云阳县、奉节县和长寿区。统计的 392 个塌岸中，万州区有 223 个，占总数的 57%；云阳县有 84 个，占总数的 21%；奉节县有共 71 个，占总数的 18%；长寿区有 14 个，占总数的 4%。

三峡库区重庆段主要塌岸类型为滑移型和冲蚀型，滑移型塌岸占塌岸总数的 51%，冲蚀型占 33%，坍塌型占 11%，混合型占 5%。

2. 塌岸的特征

通过对所搜集到的资料进行统计，三峡库区重庆段大部分为土质岸坡，岸坡物质主要为黏土、碎石土、块石土，含黏土的岸坡占岸坡总数的 42%，碎石土岸坡占 33%，块石土岸坡占 10%，卵石土岸坡占 8%，其他类岸坡占 7%。

岸坡坡度总体较缓，坡度为 36°以下的岸坡占岸坡总数的 85%左右，其中主要集中在 27°左右，缓坡居多，陡坡很少；地面坡度为 32.6°以下的岸坡占岸坡总数的 88%左右，其中主要集中在 16°左右，总体较缓，陡坡极少。

3. 塌岸类型

据统计，三峡库区沿干流库岸长度约为 650 km，跨越了不同的地貌单元和大地构造单元。依据塌岸特征、成因和破坏机制，将三峡库区重庆段塌岸的类型分为以下四种。

1）冲磨蚀型塌岸

冲磨蚀型塌岸主要分布于侵蚀剥蚀斜坡地貌和河谷侵蚀剥蚀低山地貌。其主要特征是岸坡坡度较缓,类似于河岸再造过程,具有缓慢性和持久性,短期内变形不明显,一般危害较小。

2) 坍(崩)塌型塌岸

(1)坍塌型塌岸

坍塌型塌岸主要分布于低山丘陵地貌以及河谷剥蚀侵蚀低山地貌。坍塌型塌岸的形成主要是因为土质岸坡基座被软化或掏蚀,根据破坏机制的不同可将其分为冲刷浪坎型和坍塌后退型。坍塌型塌岸的发生具有突发性,容易发生在水位大幅变化期或暴雨期,且破坏的垂直位移大于水平位移。库区坍塌型塌岸多分布于居民点,由于坍塌型塌岸具有坍塌速度快、发生突然以及坍塌范围大等特点,所以其危害性较大,容易造成较大损失。

(2)崩塌型塌岸

崩塌型塌岸主要分布于低山丘陵地貌以及河谷剥蚀侵蚀低山地貌。崩塌型塌岸的破坏机制主要是岸坡岩体的崩落或崩塌,可分为块状崩塌型、软弱基座型、凹岩腔型。其主要特征是垂直位移大于水平位移,发生的岸坡主要见岩质岸坡,破坏主要沿节理裂隙发生。与坍塌型塌岸相同,崩塌型塌岸也同样具有发生突然、速度快等特点。崩塌的岸坡体形变巨大,且整体性遭到破坏而落入水中,所以崩塌型塌岸对于上层建筑的破坏几乎是毁灭性的,尤其是对房屋、道路等,将造成不可挽回的损失。

3) 滑移型塌岸

滑移型塌岸主要分布于侵蚀剥蚀斜坡地貌、侵蚀堆积斜坡地貌和构造侵蚀堆积河谷地貌等。在库水作用及其他因素的影响下,岸坡物质沿着软弱结构面或已有的滑动面向江河发生整体滑移变形。主要有古滑坡复活型、深厚松散堆积层浅表部滑移型、沿基-覆界面滑移型三种类型。由于滑移型塌岸已经构成滑坡,所以滑移型塌岸规模一般较大,对上部的建筑物有很强的破坏性,同时也对岸坡下面的桥梁、道路等设施具有很大威胁性。

4) 混合型塌岸

混合型塌岸主要分布于低山丘陵地貌和河谷剥蚀侵蚀低山地貌。混合型塌岸同时具有多种塌岸类型的特征,不同的特征之间有主次关系,并且相互影响,较为复杂。由于其破坏机制的复杂性以及多样性,预测研究一般较为困难,危害性一般较大。

4. 稳定性分析方法

稳定性分析方法主要应用于存在滑移可能的塌岸。对于滑移型塌岸,主要采用传统的折线型预测方法,事实上,滑移型塌岸已转化成滑坡问题,因此,塌岸宽度的预测实际上就是要确定滑坡的空间范围,尤其是滑移体的后缘边界。另外,也可采用极限平衡分析法搜索出潜在滑动面或采用数值模拟手段找到潜在滑动面，并据此确定塌岸宽度。此项工作实际上属于斜坡（滑坡）稳定性分析问题，已超出一般概念上的塌岸预测，可参考第2章滑坡的稳定性计算。

5. 塌岸预测参数特征值

要预测塌岸的宽度，就必须明确塌岸相关的具体参数——水下堆积坡角（θ）、冲磨蚀坡角（α）和水上稳定坡角（β）。塌岸预测参数的取值方法主要有以下几种：

（1）纵向类比调查法，即在一段库岸内实测现今天然河道的平均枯水位以下、江水涨幅带以及平均洪水位以上三带内不同岩土体的稳态坡角，通过统计方法求得特征值。《三峡库区三期地质灾害勘察技术要求》中即采用调查法对三峡库区奉节段三叠系中上统泥岩组成的岸坡水上、水下坡角进行实地调查、统计。许强在《山区河道型水库塌岸研究》[9]一书中也采用类似方法得出了三峡库区不同类型岩土体的塌岸预测参数特征值。

（2）横向类比调查，即直接调查其他已经运行多年、条件类似的水库不同岩土体在水库蓄水运行时的设计低水位以下、库水位变动带（正常调度水位）、设计高水位以上三带内的稳定坡度角，类比求得待预测水库同类岩土体的塌岸预测参数特征值。

（3）根据三峡库区重庆段塌岸统计资料总结可得，三峡库区重庆段水下稳定坡角主要在 9.5°～23°，大于 35°的极少；水上稳定坡角主要在 17.9°～32.6°，具体见表 8.1。

表 8.1　三峡库区（重庆段）稳定坡角统计值

岸坡岩土体类型	水下岸坡堆积坡角/（°）	水位变动带稳定坡角/（°）	水上岸坡稳定坡角/（°）
粉质黏土岸坡	10	14	23
黏土夹碎石岸坡	12	16	28
块石土岸坡	18	21	30
强风化砂岩岸坡	19	20	25
弱风化砂岩岸坡	40	45	75
强风化泥岩岸坡	12	13	25

在确定稳定坡角参数时，应参考《三峡三期地灾勘察要求》给出的岸坡稳定坡角统计值与实际岸坡岩土类型，综合得到计算所需参数。

6. 治理措施综述

塌岸治理措施主要有坡式护岸（水下抛石、抛枕工程、干砌石、浆砌石、格构锚固、干砌石）、垂直护岸（石笼护岸、重力式挡土墙、加筋土挡土墙、抗滑桩桩板墙）、坝式护岸（丁坝、顺坝、"T"形坝）。不同类型塌岸的治理措施建议见表 8.2。

表 8.2 不同类型塌岸治理措施建议（据许强，2009）[9]

岸坡类型	塌岸模式	岸坡特征	冲刷强度	防治建议对策
土质岸坡	冲磨蚀型	缓坡	弱	坡式护岸：① 散抛石；② 水下抛石＋坡面植被防护
			强	坡式护岸：① 水下抛石＋干、点砌石（硅模块）护坡；② 水下抛石＋浆砌石（混凝土模块）护坡；③ 沉排结构，如格宾网垫（石笼沉排）、土工网或土工格栅石笼、土工混凝土模块、混凝土连锁板
	坍塌型	陡坡	弱	① 垂直护岸（挡土墙或铅丝笼）＋坡脚防冲；② 格构＋点砌石或浆砌石（混凝土模块）＋坡脚防冲
			强	① 垂直护岸（挡土墙或铅丝笼）＋坡脚防冲（水下抛石、柴枕柴排、混凝土模袋、软体沉排、干砌石、浆砌石）；② 格构＋点砌石或浆砌石（混凝土模块）＋坡脚防冲；③ 垂直护岸（挡土墙或铅丝笼）＋坝式护岸（丁坝、顺坝），丁坝可选择个漫水下挑丁坝以防止水流直接冲刷或漫水上挑丁坝组以促成淤积
	滑移型	浅层滑移		① 小型抗滑支挡结构＋坡式防护＋坡脚防冲＋排水，抗滑支挡可选择抗滑挡土墙、钢板桩、微型桩等；② 削坡压脚＋坡式防护＋坡脚防冲＋排水
		整体滑移		按照滑坡防治工程相关规范进行勘查、设计和施工
岩质岸坡	冲磨蚀型	软岩缓坡	强	坡式护岸：① 水下抛石＋干砌石（混凝土模块）护坡；② 水下抛石＋浆砌石（硅模块）护坡；③ 沉排结构，如格宾网垫（石笼沉排）、土工网或土工格栅石笼、土工混凝土模块、混凝土连锁板
	崩塌型	软岩陡坡		① 锚杆喷射混凝土＋坡脚防冲；② 格构＋坡脚防冲刷；③ 桩板墙＋坡脚防冲
		硬岩陡坡		① 局部锚杆＋喷射混凝土＋裂隙处理；② 锚索（单锚、群锚或格构锚索）＋喷射混凝土＋裂隙处理
	滑移型			按照滑坡防治工程相关规范进行勘查、设计和施工
岩土混合岸坡	冲磨蚀型	缓坡	弱	① 散抛石；② 水下抛石＋坡面植被防护
			强	① 水下抛石＋干、点砌石或浆砌石（硅模块）护坡；② 水下抛石＋浆砌石（混凝土模块）护坡；③ 沉排结构，如格宾网垫（石笼沉排）、土工网或土工格栅石笼、土工混凝土模块、混凝土连锁板

岸坡类型	塌岸模式	岸坡特征	冲刷强度	防治建议对策
岩土混合岸坡	坍塌型	陡坡	弱	① 垂直护岸（挡土墙或铅丝笼）+坡脚防冲；② 格构+点砌石或浆砌石（混凝土模块）+坡脚防冲
			强	① 垂直护岸（挡土墙或铅丝笼）+坡脚防冲（水下抛石、柴枕柴排、混凝土模袋、软体沉排、干砌石、浆砌石）；② 格构+点砌石或浆砌石（混凝土模块）+坡脚防冲；③ 垂直护岸（挡土墙或铅丝笼）+坝式护岸（丁坝、顺坝），丁坝可选择不漫水下挑丁坝以防止水流直接冲刷或漫水上挑丁坝组以促成淤积
	滑移型	浅层滑移		① 小型抗滑支挡结构+坡式防护+坡脚防冲+排水，抗滑支挡可选择抗滑挡土墙、钢板桩、微型桩等；② 削坡压脚+坡式防护+坡脚防冲+排水
		整体滑移		按照滑坡防治工程相关规范进行勘查、设计和施工

根据岸坡形态、地貌形态、塌岸预测及稳定性分析结果也可根据以下原则选择治理措施：

（1）当库岸为侵蚀、剥蚀破坏时（主要为土质岸坡及岩土质岸坡），可采取护脚措施防止库岸进一步被破坏。堆积层厚度小于 6 m 时，可使用挡墙；当厚度较大时，建议采用抗滑桩。治理工程高程在 175 m 左右时，需加护坡工程（混凝土模块或浆砌片石、块石护坡，根据建筑材料便利性选择）。

（2）滑移型塌岸，土层较薄，推力较小时（一般小于 400 kN/m），可使用挡墙；推力较大时建议采用抗滑桩。治理工程高程在 175 m 左右时，还应设置挡板或桩间挡墙。

（3）对于岩质边坡，如岩石风化程度高，建议清理岩面，喷浆护坡并监测。

（4）水利部长江水利委员会在《长江三峡工程库区城镇塌岸处理规划报告》中指出，塌岸处理一般不宜采用抗滑桩，但若在设置挡土墙的墙高超过 8 m 或者墙基的稳定性得不到保障时，可采用抗滑桩。

7. 施工及监测

三峡库区塌岸治理应充分结合塌岸类型以及塌岸实际情况，选择合适的施工方式，保证施工场地的安全与施工的便捷。同时，就地选择材料时应注意保证材料的强度、粒径等满足要求，施工时不应对生态环境造成过分影响。

为了有效了解塌岸的发育状态，规模以及可能发生的破坏变形，需要对塌岸进行有效监测，以提前预判塌岸发生的可能性、危害性，提前做好防灾预案、疏散群众、转移财产等工作，将塌岸的危害性尽可能降低，必须做好塌岸的监测工作。监测内容主要包括以下几点：

（1）地表绝对位移监测：GPS测量法、（水平位移）视准线法、小角法、极坐标法、交会法、（垂直位移）水准测量和精密三角高程测量；

（2）坡体内部位移监测：便携仪表量测法和固定埋设仪表量测法；

（3）裂缝相对位移监测：简易量测法和机械或电子仪表量测法；

（4）泉水监测：测流堰观测法；

（5）地下水监测：地下水监测钻孔；

（6）常规水文监测：搜集资料和人工测读；

（7）常规气象监测：搜集资料和人工或自动记录量测；

（8）塌岸前缘坍塌情况监测。

8. 典型实例选择

本书根据三峡库区重庆段的塌岸类型，选取两个具有代表性的塌岸进行详细论述。

南山—密溪沟塌岸是一个受库水位影响较大，由多种塌岸类型组成的塌岸段，不仅具有土质岸坡段，也发育有岩土混合型岸坡段，其治理措施采用挡墙与护坡结合的方法。对混合型岸坡采用护坡、坡脚设置脚墙的方法，防止不同模式的破坏；对土质岸坡则采用传统的重力式挡墙，主要防止土体的滑移破坏，取得了很好的效果。

瓦窑背—龙船寺塌岸属于混合型岸坡，可能发育有侵蚀、崩塌和滑移三种破坏模式，在该塌岸的治理工程中，针对不同的破坏模式采用不同的治理方法。对可能产生的滑移型库岸再造地带，采取削坡减载、压脚并改变斜坡形态的方法，以保证库岸的稳定；对砂岩坍塌型库岸再造段可能产生崩塌破坏的坡体，直接采用清除措施；对以剥蚀为主的库岸再造带，采取护坡的方式，以防止风化进一步发展且保证岸坡稳定，取得了很好的治理效果。

第9章　南山—密溪沟库岸

南山—密溪沟库岸段位于万州江南新区，区内新建的万州长江二桥南桥头位于塌岸影响范围内，若不对塌岸进行治理则桥基稳定性将受到影响。南山—密溪沟库岸段既有土质岸坡也有岩土混合型岸坡，其破坏模式有滑移型破坏、侵蚀破坏和崩塌型破坏，属于多种塌岸类型混合组成的塌岸段。治理措施为重力式挡墙与护岸结合，对于混合型岸坡采用护坡和坡脚设置脚墙的方法，防止坡脚受到侵蚀、冲刷；对于土质岸坡，经计算，由于其剩余推力不大且土层较薄，采用传统重力式挡墙，防止土体的滑移破坏和坡脚受到侵蚀、冲刷。

9.1　库岸概况

南山—密溪沟库岸 WZ-19-2 段位于长江右岸（南岸），库岸全长 1 450 m，分布于南山至密溪沟之间的中段，地理坐标：东经 108°24′11″～108°24′57″，北纬 30°49′09″～30°49′33″。WZ-19-2 段西段有长江二桥及碎石公路，交通方便，而东段无车道相通，交通较为不便（见图 9.1）。

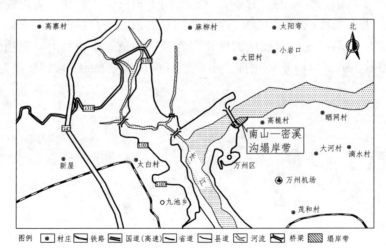

图 9.1　南山—密溪沟库岸 WZ-19-2 段交通位置图

1. 地形地貌

南山—密溪沟库岸 WZ-19-2 段,地处长江南岸,属侵蚀剥蚀河谷岸坡地貌。库岸总体走向 N45°E,地形近为南东高、北西低的反向斜坡。局部地段分布有陡崖。

2. 地层岩性与地质构造

塌岸区域分布的地层有第四系人工填土（Q_4^{ml}）、坡残积层（Q_4^{dl+el}）和侏罗系中统上沙溪庙组（J_2s）。第四系人工填土（Q_4^{ml}）主要是砂砾石、碎块石及粉质黏土,厚 3～8 m。坡残积层（Q_4^{dl+el}）以粉质黏土为主,厚度 0.5～20 m。侏罗系中统上沙溪庙组（J_2s）泥岩呈薄至中厚层状,质软,易风化;砂岩呈厚层状,质多较硬,主要分布在标高 180 m 以上的陡崖带。代表性剖面图如图 9.2 所示。

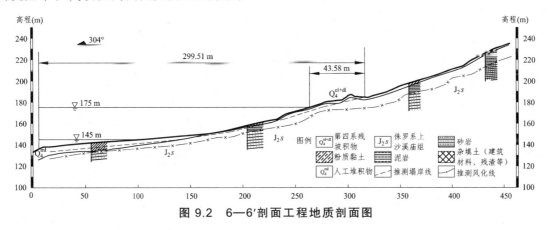

图 9.2　6—6′剖面工程地质剖面图

根据《中国地震动参数区划图》（GB 18306—2001）,本区地震设防烈度为Ⅵ度,地震动峰值加速度值为 0.05g。

3. 水文地质条件

区内地下水分为第四系松散土层孔隙水和基岩风化裂隙水两类,区内第四系土层为粉质黏土及人工填土,土层一般仅存有少量上层滞水。基岩岩体以泥岩为主,夹砂岩,透水性相对较好而含水性弱,地下水不发育。按环境水对建筑材料的腐蚀性评价标准,本库岸段内地下水对混凝土无腐蚀性。

4. 库岸结构类型

（1）结构类型划分方法

按组成岸坡的岩土类型和组合形式不同,将岸坡分为不同类型,分类结果见表 9.1。

表 9.1 岸坡结构分类

一级划分		二级划分		岩坡岩土组合形式
名 称	代 号	名 称	代 号	
岩质岸坡	I	砂岩岸坡	I_1	砂岩
		泥岩岸坡	I_2	泥岩
		二元组合 1 型坡	I_{1+2}	上部砂岩，下部泥岩
		二元组合 2 型坡	I_{2+1}	上部泥岩，下部砂岩
		复合岸坡	I_m	砂岩与泥岩互层
土质岸坡	II	黏土岸坡	II_1	黏土
		黏土含碎石岸坡	II_2	黏土夹碎石
		块石混杂黏土岸坡	II_3	块石混杂黏土
混合型岸坡	III	混合 1 型坡	III_1	上部土石体，下部基岩
		混合 2 型坡	III_2	下部土石体，上部基岩
		混合 3 型坡	III_3	上、下部土石体，中部基岩
		混合 4 型坡	III_4	中部土石体，上、下部基岩

库岸岸坡的界定范围，下部为目前库水位 137 m 高程；上部为 175 m 水位时可能产生的塌岸范围。

（2）本库岸段岸坡结构类型

本库岸段岸坡为反向坡或切向坡，同时又分土质及岩土混合质岸坡，据表 9.1 岸坡结构分类原则，其岸坡结构类型为 II_1、III_3 型。

5. 库岸工程地质分段

本库岸段全长 1 450 m，其整段的防护对象及重要性基本相同，分段中主要考虑库岸结构类型，并结合库岸微地形地貌特征、岩土条件及自然坡体的稳定性与未来条件下可能的破坏方式这些因素进行综合工程地质分段。本库岸段工程地质分段及各段工程地质特征详见表 9.2。

表 9.2 库岸段工程地质分段及各段工程地质特征

项目名称	分段编号	起止位置	工程地质特征描述	岸坡类型
南山—密溪沟库岸 WZ-19-2	WZ-19-2-1	起点： $x = 3\,411\,326.1$ $y = 36\,538\,579.4$ 终点： $x = 3\,411\,527.2$ $y = 36\,538\,749.9$ $L = 262$ m	146 m 以下表层覆盖人工填土，砂石、混凝土、废渣等，灰、灰褐色，呈稍密至中密状，厚度 3～5 m，坡角约为 5°～10°。146～175 m 带为两沟夹一条状山脊，坡角一般 10°～25°，山脊处覆土为残坡积粉质黏土，褐黄色，多呈硬塑状，较薄，一般厚度 0.5～1.5 m，局部见岩体裸露；冲沟中覆土为残坡积粉质黏土，褐黄色，多呈可塑状，相对较厚，一般厚度 3～5 m；岩体以 J_2s 泥岩为主，岩层产状 156°∠7°，发育两组裂隙，产状：297°∠85°，200°∠79°。175 m 以上坡角一般 25°，表层覆盖残坡积粉质黏土，褐黄—褐红色，一般厚 1～3 m。下伏基岩以 J_2s 泥岩为主，间夹砂岩，产状 152°∠6°，钻孔见强风化带，厚 2 m，从江岸到坡体顺山坡坡角渐增。坡体总体为反向坡，自然状态下坡体整体稳定	岩土混合岸坡（Ⅲ₃）
	WZ-19-2-2	起点： $x = 3\,411\,527.2$ $y = 36\,538\,749.9$ 终点： $x = 3\,411\,844.8$ $y = 36\,539\,135.4$ $L = 510$ m	146 m 以下表层覆盖人工填土，砂石、混凝土、废渣等，灰、灰褐色，呈稍密至中密状，厚度 3～5 m，该带坡角 3°～5°。146 m 斜坡坡角一般 5°～25°，除长江二桥附近覆盖有 10～20 m 的人工素填土外，其余地段斜坡表层覆盖厚约 4～10 m 残坡积粉质黏土。下伏基岩，以 J_2s 泥岩为主，间夹砂岩，钻孔见强风化带厚 1.5～3.5 m。此段为反向坡，斜坡坡面均被残坡积粉质黏土覆盖，自然状态下坡体整体稳定	土质岸坡（Ⅱ₁）
	WZ-19-2-3	起点： $x = 3\,411\,844.8$ $y = 36\,539\,135.4$ 终点： $x = 3\,411\,816.7$ $y = 36\,539\,800.2$ $L = 678$ m	此段地形坡度陡，180 m 以上有连续的陡崖分布，180 m 以下局部有陡崖分布。陡崖带岩体裸露，陡崖下部陡坡坡角 35°～45°；表层覆盖残坡积粉质黏土，厚度变化大，一般厚约 0.5～3 m，局部厚达 6 m；陡崖岩体以 J_2s 砂岩为主，其余地带岩体以 J_2s 泥岩为主，岩层产状 152°∠7°，发育两组裂隙，产状：302°∠83°，220°∠69°。此段坡体为切向坡，自然状态下坡体整体稳定	岩土混合岸坡（Ⅲ₃）

9.2 库岸稳定性分析

1. 岩土体物理力学性质

本库岸段长度较长，沿库岸土的物理力学性质相差较大，因此本次分段对土体的物理力学指标进行统计，因岩层产状平缓，层位相同，相同岩性的岩石物理力学性质相差较小，故将同种岩性岩石物理力学的物理力学指标纳入一起进行统计。统计结果见表 9.3。

表 9.3　粉质黏土物理力学性质指标

项　目 库岸段	重　度 /（kN/m³）		承载力特征值 /kPa	力学性质指标					
				抗　剪　强　度				压　缩　性	
				天　然		饱　和		压缩系数 d_{1-2}/MPa^{-1}	压缩模量 E_s/MPa
	天然	饱和		C/kPa	ϕ_k/（°）	C/kPa	ϕ_k/（°）		
起点至湾湾堰塘（4 线南西侧）段	19.80	20.19	150	19.14	10.98	16.86	8.79	0.31	5.82
湾湾堰塘（4 线南西侧）至鸡子湾（9 线附近）段	19.70	20.38	150	22.26	6.43	19.83	4.85	0.24	5.18
鸡子湾（9 线附近）至止点段	19.99	20.28	160	18.35	9.2	15.70	6.66	0.34	6.23
备　注	粉质黏土承载力特征值参照试验成果据地方经验取值								

在万县市（现万州区）迁建城镇新址地质论证阶段，长江委综合勘测对目前万州地区长江库岸不同岩性的岸坡角进行了实测，并按 107 m 以下、107～156 m、156 m 以上三个水位特征进行统计分析，分别求取了不同地质结构岸坡水下和水上稳定坡角，见表 9.4。

表 9.4　不同地质结构岸坡水下和水上稳定坡角

岩土体类型 ＼ 坡角	水下岸坡稳定坡角/(°)	水位变动带稳定坡角/(°)	水上岸坡稳定坡角/(°)
粉质黏土岸坡	9	11	22
黏土夹碎石岸坡	11	13	28
块石土岸坡	18	21	30
强风化砂岩岸坡	19	20	25
弱风化砂岩岸坡	40	45	75
强风化泥岩岸坡	12	13	25

表中稳定坡角是在地史上的稳定岸坡角，本塌岸主要考虑工程使用期内的坡角，因此根据重庆地方经验及《建筑边坡工程技术规范》（GB 50330—2002）对表中的部分岸坡角进行修正，用于本塌岸预测：

① 在不受结构面的影响的情况下，弱风化岩体不考虑塌岸。

② 强风化岩体水下及水位变动带内稳定坡脚不应小于块石土，所以按块石土的稳定坡角考虑。

岩土体水上稳定坡角，土体取坡率 1:1.5，即 33°，强风化岩体在不受结构面影响的情况下，泥岩取坡率 1:1.25，即 38°；砂岩取坡率 1:1，即 45°。

2. 稳定性分析方法

稳定性分析方法采用折线滑动法（传递系数法），主要分析塌岸的整体滑动可能。计算工况见表 9.5。

表 9.5　计算工况

工况	荷载组合及参数取值
1	自重＋建筑荷载＋175.1 m 水位＋10 年一遇暴雨 $<q_桩>$，地下水位线以上取天然不固结不排水 C、ϕ 峰值，地下水位线以下取饱和有效 C'、ϕ' 峰值
2-1	自重＋建筑荷载＋162.4 m 水位＋10 年一遇暴雨 $<q_全>$，地下水位线以上取天然不固结不排水 C、ϕ 峰值，地下水位线以下取饱和有效 C'、ϕ' 峰值
2-2	自重＋建筑荷载＋156.6 m 水位＋10 年一遇暴雨 $<q_全>$，地下水位线以上取天然不固结不排水 C、ϕ 峰值，地下水位线以下取饱和有效 C'、ϕ' 峰值
3	自重＋建筑荷载＋175.1 m 降至 145.1 m＋10 年一遇暴雨 $<q_桩>$，地下水位线以上取不固结不排水 C、ϕ 峰值，地下水位线以下取饱和有效 C'、ϕ' 峰值
4	自重＋建筑荷载＋162.4 m 降至 145.1 m＋10 年一遇暴雨 $<q_全>$，地下水位线以上取天然不固结不排水 C、ϕ 峰值，地下水位线以下取饱和有效 C'、ϕ' 峰值

稳定性计算图如图 9.3 所示（以 5—5′剖面为例）。

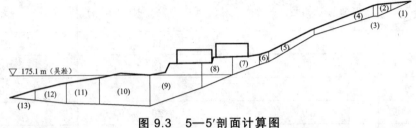

图 9.3　5—5′剖面计算图

3. 稳定性分析结果

折线法计算结果见表 9.6。

表 9.6　折线法稳定性计算结果

剖面 ＼ 工况	工况 1	工况 2-1	工况 2-2	工况 3	工况 4
5—5′	1.888			2.019	
5—5′塌岸后	1.639			1.647	
Ⅲ—Ⅲ′	9.048			7.224	
Ⅲ—Ⅲ′塌岸后	6.662			4.832	
Ⅳ—Ⅳ′	1.874			1.661	
Ⅳ—Ⅳ′塌岸后	1.759			1.482	
Ⅴ—Ⅴ′	1.688	1.542	1.374	1.151	1.297
6—6′	1.693	1.49	1.441	1.177	1.255
Ⅵ—Ⅵ′	1.811	1.754	1.704	1.489	1.606
7—7′	2.782			2.27	

　　稳定性分析可以作为评判塌岸发生滑移的可能性的指标，但与滑坡不同的是，稳定性计算结果安全只能代表发生滑移型塌岸的可能性较小，而有可能发生其他类型的塌岸。由计算结果可见，在稳定系数取值 1.2 时，5—5′剖面以及 6—6′剖面存在滑移的风险。

9.3 库岸塌岸预测与评价

9.3.1 库岸塌岸破坏方式预测

1. 蠕动型坡体的发育过程

该类破坏方式主要发生在 WZ-19-2-2 段。库水位的上升，水向土体内渗透，浸润软化原有的软弱结构面，使其抗剪性能降低，产生蠕动变形，同时坡体上部岩土体在其重力产生的下滑分力作用下，使坡体后缘出现拉裂下沉。最终在库水的浪击掏蚀作用下，或水位下降情况下产生滑动。

2. 崩塌及其发育过程

该类破坏方式主要发生在 WZ-19-2-3 段。WZ-19-2-3 段地形坡度大，陡崖崖体下部以泥岩为主，呈强风化状，上部为砂岩。三峡库水位上升后，强风化岩体在库水的溶滤、潜蚀和浪击掏蚀作用下在底座形成凹崖腔，且凹崖腔不断加深加大。从而在岩体内产生悬臂梁式力的作用，并沿区内平行于岸坡的一组陡倾节理产生拉裂缝，继而产生崩塌式破坏。

具体破坏类型见表 9.7。

表 9.7　南山—密溪沟库岸 WZ-19-2 段塌岸破坏类型

剖面代号	岸坡结构	岸坡分类
1—1′	黏　土	冲蚀型塌岸
2—2′	黏　土	冲蚀型塌岸
3—3′	黏　土	冲蚀型塌岸
4—4′	黏　土	滑移型塌岸
5—5′	黏　土	滑移型塌岸
6—6′	黏　土	滑移型塌岸
7—7′	黏　土	滑移型塌岸
8—8′	黏　土	冲蚀型塌岸
9—9′	黏　土	冲蚀型塌岸

剖面代号	岸坡结构	岸坡分类
10—10′	黏　土	冲蚀型塌岸
11—11′	黏　土	冲蚀型塌岸
12—12′	黏　土	冲蚀型塌岸
13—13′	黏　土	冲蚀型塌岸
14—14′	黏　土	冲蚀型塌岸
15—15′	黏　土	冲蚀型塌岸
16—16′	黏　土	冲蚀型塌岸

9.3.2　库岸塌岸预测及评价

1. 塌岸预测方法

国、内外目前对塌岸的预测方法处于探索阶段。大量实践证明,工程地质类比法(即图解法)是用于塌岸预测的较好方法。

2. 水下、水上岸坡稳定坡角的确定

根据表 9.4 所取得的岸坡稳定坡角,以及所描述的根据重庆地方经验和《建筑边坡工程技术规范》(GB 50330—2002)对表中的部分岸坡角进行修正确定。

3. 预测结果

运用图解法对塌岸区的 175 m 特征水位的塌岸进行了预测,其成果表见表 9.8。

表 9.8　南山一密溪沟库岸 WZ-19-2 段预测成果表

分段号	剖面号	特征库水位(175 m)的塌岸预测值	
		175 m 以上塌岸宽度/m	塌岸最高高程/m
WZ-19-2-1	1—1′	53.49	177.19
	2—2′	10.94	181.05
	3—3′	32.39	191.26

分 段 号	剖 面 号	特征库水位（175 m）的塌岸预测值	
		175 m 以上塌岸宽度/m	塌岸最高高程/m
WZ-19-2-2	4—4′	69.76	197.62
	5—5′	133.92	205.4
	6—6′	18.20	178.90
	7—7′	27.88	177.84
	8—8′	5.53	174.99
	9—9′	41.75	192.26
WZ-19-2-3	10—10′	7.39	175.32
	11—11′	10.68	177.95
	12—12′	22.32	188.27
	13—13′	36.19	196.63
	14—14′	8.35	178.8
	15—15′	23.51	189.5
	16—16′	20.72	195.53

据本次塌岸预测结果，三峡水库蓄水后，WZ-19-2-1、WZ-19-2-3 段塌岸范围内的土层及下伏强风化岩体将逐渐坍去。其中，WZ-19-2-1 段 175 m 以上塌岸宽度为 10.94~53.49 m，塌岸高程为 177.19~191.26 m；WZ-19-2-3 段 175 m 以上塌岸宽度为 7.39~36.19 m，塌岸高程为 175.32~196.65 m。库岸再造类型以冲蚀-剥蚀型为主，局部存在坍塌型。

WZ-19-2-2 段库岸再造类型以滑移型为主，区内塌岸对今后的城市建设有很大的影响，危害及损失程度极大，塌岸成灾的可能性极大。

9.4　防治措施

9.4.1　剩余推力计算

南山—密溪沟库岸段为反向坡，地表覆盖粉质黏土，较厚，库岸再造类型以滑移型为主，斜坡土体在三峡水库蓄水后，在库水的作用下，有失稳滑动的可能。

稳定性计算中，考虑斜坡土体的稳定性受库水位影响较大，按表 9.9 中 6 种工况进行稳定性分析。

表 9.9　稳定性计算工况、荷载组合

涉水或不涉水斜坡	水库运行水位	工况组合编号		荷 载 组 合 内 容	抗滑稳定安全系数
					地质灾害危害性分级
					Ⅱ
涉水土体斜坡	静止水位	1		自重＋地表荷载＋现状水位（137 m）	1.20
		2	2-1	自重＋地表荷载＋175.1 m 静水位＋非汛期 N 年一遇暴雨（$q_枯$）	1.20
			2-2	自重＋地表荷载＋156.6 m 静水位＋非汛期 N 年一遇暴雨（$q_枯$）	
			2-3	自重＋地表荷载＋139 m 静水位＋非汛期 N 年一遇暴雨（$q_枯$）	
		3	3-1	自重＋地表荷载＋162.4 m 静水位＋N 年一遇暴雨（$q_全$）	1.20
			3-2	自重＋地表荷载＋156.6 m 静水位＋N 年一遇暴雨（$q_全$）	
			3-3	自重＋地表荷载＋145.1 m 静水位＋N 年一遇暴雨（$q_全$）	
	水位降落	4		自重＋地表荷载＋水位从 175.1 m 降至 145.1 m	1.15
		5		自重＋地表荷载＋水位从 175.1 m 降至 145.1 m＋非汛期 N 年一遇暴雨（$q_枯$）	1.15
		6		自重＋地表荷载＋水位从 162.4 m 降至 145.1 m＋N 年一遇暴雨（$q_全$）	1.15

需要评价的斜坡土体主要为粉质黏土，土体抗剪强度指标参照试验并结合场地实际情况与地区经验综合取值。具体取值详见表 9.10。

表 9.10　土体重度、抗剪强度计算采用值

采用指标　/　土名	重度/（kN/m³）		天　然		饱　和	
	天　然	饱　和	C/kPa	φ/（°）	C/kPa	φ/（°）
粉质黏土	19.7	20.38	18.5	10.3	15.5	8.1
人工填土	20	20.5	0	30	0	29

根据本章 9.2 节中所提到的稳定性计算方法进行计算，所得剩余推力结果见表 9.11。

表 9.11　岸坡剩余下滑力计算结果统计表

剩余下滑力/（kN/m）　剖面及块段编号	工　况									
	1	2			3			4	5	6
		2-1	2-2	2-3	3-1	3-2	3-3			
4—4′ 　1	−5.88	147.94	147.94		157.92	157.92		179.72	178.17	123.87
2	255.43	549.44	549.44		571.91	571.91		617.81	613.82	495.95
3	802.66	1 228.65	1 226.78		1 265.33	1 265.33		1 323.94	1 253.16	1 139.42
4	1 692.55	2 311.38	2 303.25		2 365.23	2 365.23		2 450.45	2 361.85	2 164.81
5	1 386.51	1 989.86	2 238.86		2 257.59	2 304.57		2 497.34	2 438.94	2 081.87
6	1 110.43	1 782.73	2 225.47		2 132.46	2 297.85		2 602.04	2 565.01	2 030.99
7	80.28	1 120.45	1 277.28		1 402.69	1 335.95		1 708.61	1 684.40	1 093.36
8	−850.39	525.82	422.41		753.83	470.61		892.49	874.52	247.59
5—5′ 　1	−57.18	63.72	63.72		70.85			74.69	67.98	46.07
2	−0.175	210.70	210.70		226.87			238.28	223.17	169.68
3	572.85	959.52	959.52		995.74			995.00	960.77	877.17
4	1 253.43	1 836.16	1 832.98		1 890.26			1 885.83	1 834.67	1 703.88
5	2 445.97	2 401.23	3 382.54		3 472.69			3 501.36	3 441.99	3 165.59
6	927.36	1 486.81	2 019.41		2 085.80			2 217.42	2 165.03	181.62
7	−137.23	895.86	1 171.17		1 225.78			1 445.17	1 398.12	958.68
8	−1 400.9	165.28	−209.67		−187.46			76.56	38.75	291.36
9	294.08	20.10	−282.97		−289−46			−200.83	−237.65	37.15

剩余下滑力 /（kN/m）		工　况									
剖面及块段编号		1	2			3			4	5	6
			2-1	2-2	2-3	3-1	3-2	3-3			
5—5′（塌岸后）	1	−57.18	63.71	63.71		70.85			74.70	67.98	46.07
	2	−0.175	210.70	210.70		226.87			238.38	223.16	169.68
	3	572.85	959.52	959.52		995.74			995.00	960.77	877.17
	4	1 253.43	1 836.16	1 832.96		1 890.26			1 885.83	1 834.67	1 703.88
	5	2 404.52	2 376.51	3 334.34		3 423.68			3 451.56	3 392.41	3 120.54
	6	882.25	1 461.20	1 969.62		2 035.15			2 167.19	2 114.99	1 769.63
	7	−44.56	926.22	1 228.18		1 284.28			1 486.77	1 438.85	1 019.54
	8	−565.71	616.85	651.47		693.62			911.27	867.82	605.09
	9	−4.88	625.94	658.98		701.81			923.72	879.48	575.09
6—6′	1	251.54									
	2	841.54									
	3	381.15									
	4	158.14									
	5	−8.20									
	6	−608.99									
7—7′	1	−36.15	−8.57	−8.57		−6.74	−6.74		−8.11	−9.86	−10.61
	2	−74.72	14.22	20.38		24.93	24.93		45.21	41.20	20.12
	3	−54.86	−81.58	67.05		76.47	76.47		121.61	116.42	67.18
	4	154.79	27.43	379.82		399.28	399.28		489.22	484.02	379.37
	5	367.30	91.112	762.43		748.23	793.13		933.04	927.83	761.34
	6	95.41	−88.20	573.12		549.93	603.19		776.10	771.16	579.39
	7	−254.28	−225.00	313.98		310.06	342.76		556.16	551.21	329.77
	8	−560.81	−368.40	−158.43		−87.70	−133.68		114.69	109.84	−131.60

续表 9.11

剩余下滑力/(kN/m) 剖面及块段编号		工况									
		1	2			3			4	5	6
			2-1	2-2	2-3	3-1	3-2	3-3			
7—7'(塌岸后)	1	-36.15	-8.57	-8.57		-6.74	-6.74		-8.11	-9.86	-8.11
	2	-129.86	-51.93	-46.50		-43.09	-43.09		-27.87	-33.31	-27.87
	3	-194.47	-181.10	-126.05		-124.12	-124.12		-114.20	-114.20	-114.20
	4	-161.40	-171.20	-70.88		-67.35	-67.35		-51.63	-51.63	-51.63
	5	-19.43	-82.01	101.31		15.15	107.76		136.49	136.49	136.49
	6	256.03	-181.91	-73.63		-167.36	-67.04		15.45	15.45	15.45
	7	-263.26	-202.27	-210.20		-202.27	-210.46		183.71	-183.71	183.71
	8	-77.93	-63.67	-65.23		-63.67	-65.29		-64.66	-64.66	-64.66
8—8'	1	-106.62	-108.68	-65.58	-65.58	-64.06	-64.06	-64.06	-60.32	-60.32	-61.68
	2	-210.51	-168.54	-109.02	-109.02	-106.93	-106.93	-106.93	-72.65	-72.65	-79.71
	3	-157.45	-134.52	-7.28	-7.28	-2.80	-2.80	-2.80	54.17	54.17	41.98
	4	-183.18	-140.28	-40.04	-40.04	-36.51	-36.51	-36.51	75.24	75.24	51.19
	5	-161.17	-130.55	-35.67	-35.67	-50.50	-32.33	-32.33	90.90	90.90	56.77
	6	-114.84	-110.99	9.31	9.31	-66.15	13.55	13.55	148.25	148.25	104.32
	7	-98.95	-111.30	-0.25	10.84	-111.30	4.00	19.06	182.88	182.88	131.86
	8	-301.71	-218.85	-226.30	-231.94	-218.85	-222.51	-224.96	-51.86	-51.86	-103.02
8—8'(塌岸后)	1	-106.62	-108.68	-65.58	-65.58	-64.06	-64.06	-64.06	-60.32		
	2	-220.39	-177.98	-127.24	-127.24	-125.45	-125.45	-125.45	-96.23		
	3	-245.65	-207.04	-147.28	-147.28	-145.18	-145.18	-145.18	-118.42		
	4	-247.45	-201.65	-158.51	-158.51	-156.99	-156.99	-156.99	-132.15		
	5	-226.25	-187.58	-145.78	-145.78	-173.91	-144.31	-144.31	-123.20		
	6	-214.56	-185.97	-135.46	-135.46	-185.97	-133.68	-133.68	-115.42		
	7	-208.61	-185.74	-176.41	-142.22	-185.74	-176.41	-140.09	-129.68		
	8	-284.37	-212.68	-212.68	-230.29	-212.68	-212.68	-230.91	-217.56		

从剩余下滑力的计算结果来看，4—4′剖面在自然工况下处于稳定状态，但非自然工况下有滑移的危险，5—5′剖面也同样有滑移的趋势。其他剖面并无滑移危险，但并不代表没有发生塌岸的可能，有可能发生其他类型的塌岸。

9.4.2　工程方案

根据塌岸的特点及不同剖面的力学特征，采取桩板式挡墙、排水措施进行治理。具体治理措施见表9.12。图9.4为治理工程平面布置图，治理剖面以剖面6—6′为例，如图9.5所示。

表 9.12　具体工程治理措施

塌岸分段	剖面编号	治　理　措　施	备　注
WZ-19-2-1	1	塌岸范围较小，无保护对象，不治理	2、3 剖面之间拆迁房屋(砖)280 m²，拆迁地坝 200 m²
	2	塌岸范围较小，无保护对象，不治理	
	3	塌岸范围较小，无保护对象，不治理	
	4	采取治理措施造价较大，保护对象较少，故采取搬迁避让方案，拆迁房屋（砖）120 m²，房屋（土）120 m²，地坝 150 m²	
	5	为侵蚀剥蚀型塌岸，且塌岸后不危及保护对象，故不治理	
	6	为侵蚀剥蚀型塌岸，在 158.05～175.5 m 段设置浆砌格构内干砌条石护坡，护坡脚设置脚墙，以防治塌岸。格构采用 M10 水泥砂浆砌条石修筑，干砌条石护坡厚 0.3 m，底设 0.15 m 厚的砂卵石反滤层，护坡脚墙高 2 m，采用 M10 水泥砂浆砌条石修筑。6—6 剖面段护坡布置长度为 166.4 m	
WZ-19-2-2	7	为侵蚀剥蚀型塌岸，在地面高程 174.68 m 处设置重力式挡墙，以防治塌岸。挡墙顶高程 174.68 m，墙顶宽 4.0 m，墙高 8.0 m，胸坡及背坡坡比均为 1：0.25，墙底设 0.2：1 倒坡。挡墙控制主动土压力为 155.69 kN/m。断面挖土 48.4 m²，挖石 8.1 m²，填土 25.5 m²	
	8	塌岸范围较小，无保护对象，不治理	
	9	采取治理措施造价较大，保护对象较少（少量民房），故采取搬迁避让方案，拆迁房屋（土）160 m²，地坝 50 m²	
	10	塌岸范围较小，无保护对象，不治理	
	11	塌岸范围较小，无保护对象，不治理	

塌岸分段	剖面编号	治 理 措 施	备 注
WZ-19-2-3	12	塌岸范围较小，无保护对象，不治理	
	13	采取治理措施造价较大，保护对象较少（少量民房），故采取搬迁避让方案，拆迁房屋（土）325 m²，地坝 200 m²	
	14	塌岸范围较小，无保护对象，不治理	
	15	塌岸范围较小，无保护对象，不治理	
	16	塌岸范围较小，无保护对象，不治理	
其 他		修建排水沟两条，共计 271.5 m。浆砌格构采用 M10 水泥砂浆砌 MU40 条石，格构内干砌 MU40 条石，重力式挡土墙及护坡脚墙采用 M10 水泥砂浆砌 MU40 条石，排水沟采用 M7.5 水泥砂浆砌 MU40 条石	

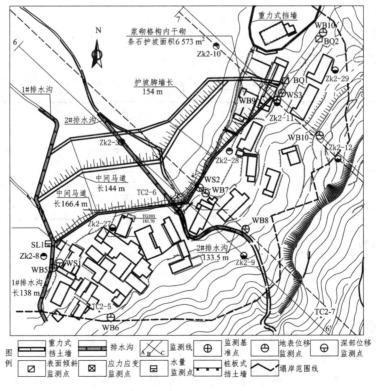

图 9.4 治理工程平面布置图

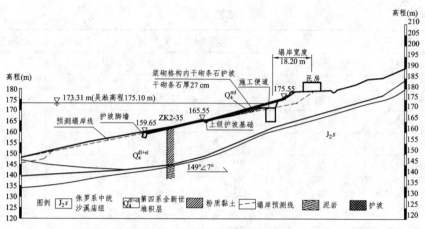

图 9.5　6—6′剖面治理剖面图

9.4.3　设计参数

1. 工程等级

以危害、受灾对象及损失程度,按照《三峡库区三期地质灾害防治工程设计技术要求》,将防治工程等级确定为Ⅲ级,见表 9.13。

表 9.13　暴雨强度重现期(N)表

工程级别	暴雨强度重现期(N)	
	设　计	校　核
Ⅰ	50	100
Ⅱ	20	50
Ⅲ	10	20

2. 安全系数

对于可能出现滑坡的剖面其安全系数根据工况按表 9.9 所列表取值。

3. 其他参数

综合摩阻系数 $K = 0.000\,003\,6$。

水面上 10 m 处的风速 $W = 26.7$ m/s。

计算点作水域中线的平行线与对岸的交点到计算点的距离 $D = 1\,500$ m。

水域的平均水深 $H = 75$ m。

风向与水域中线的夹角 $\beta = 0°$。

石块的容重 $\gamma_k = 23.0$ kN/m^3。

圬工砌体容重 23.0 kN/m^3。

地表排水工程的设计降雨标准 10 年一遇计算，20 年一遇校核。

径流系数 $\psi = 0.5$。

汇水面积 $F = 5$ hm^2。

设计降雨重现期 $p = 20$ 年。

粗糙系数 $n = 0.017$。

9.4.4 具体工程设计

1. 挡土墙

按《地质灾害防治工程设计规范》（重庆市地方标准 DB 50/5029—2004）滑动安全系数取 1.30，倾覆安全系数取 1.60。

挡墙顶高程 174.68 m，墙顶宽 5.3 m，墙高 8.0 m，胸坡及背坡坡比均为 1:0.25，墙底设 0.2:1 倒坡。挡墙受主动土压力控制，控制土压力为 218.24 kN/m。断面挖土 57.7 m^2，挖石 21.3 m^2，填土 30.8 m^2。重力式挡土墙采用 M10 水泥砂浆砌 MU40 条石。断面图如图 9.6 所示。

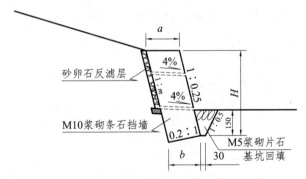

图 9.6 7—7′剖面重力式挡土墙断面图

2. 浆砌格构内干砌条石护坡

采用 M10 水泥砂浆砌筑格构，厚 60 cm。格构内采用干砌条石砌筑，厚 27 cm。护坡干砌条石下设砂卵石反滤层，厚 15 cm。马道采用 M10 浆砌条石砌筑，厚 27 cm。水下石料强度等级不低于 40 MPa，水上石料强度等级不低于 30 MPa，软化系数不低于 0.8。

　　护坡的削方应预留坡面压实沉降量，削坡后应将坡面压实，压实度不小于 92%。浆砌格构内的干砌条石应在格构浆砌条石的强度达到 75% 后进行。脚墙每 10 m 设一道宽 2 cm 的沉降缝，沉降缝沿内外顶填塞沥青麻筋，填塞深度 20 cm。作好泄水孔，泄水孔尺寸 ϕ100 mm，墙背设 50 cm 厚砂卵石反滤层。砂卵石反滤层分两层设置，下层粒径 4 ~ 6 mm，上层粒径 20 ~ 35 mm，所用的砂石料中颗粒小于 0.15 mm 的含量不得大于 5%，反滤层的各层不均匀系数 $\eta \leqslant 2$，孔隙率 $n = 0.35$。所有干砌、浆砌石料强度均不应低于 MU40。

　　根据《堤防工程设计规范》（GB 50286—98）计算防护上限高程综合取 174.68 m（黄海高程）。具体设计图如图 9.7、图 9.8、图 9.9 和图 9.10 所示。

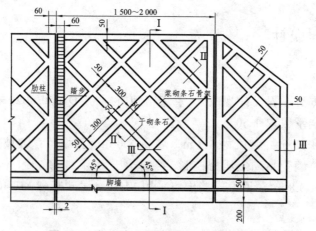

图 9.7　浆砌条石格构内干砌条石护坡

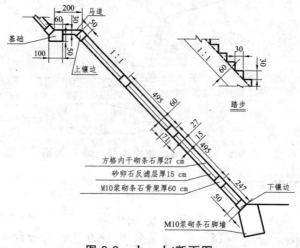

图 9.8　Ⅰ—Ⅰ'断面图

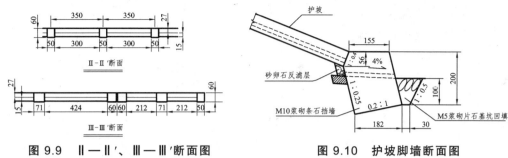

图 9.9　Ⅱ—Ⅱ′、Ⅲ—Ⅲ′断面图　　　　图 9.10　护坡脚墙断面图

3．土石回填

回填土填料采用碎石土，碎石中碎石粒径小于 8 cm，碎石土中碎石含量为 50%。碎石土最优含水量需现场做碾压试验，含水量与最优误差小于 3%。碎石土应碾压，无法碾压时必须夯实，距表层 0～80 cm 填料压实度 ≥93%，距离表层 80 cm 以下填料压实度 >90%。

4．截、排水沟

在 5、6 剖面附近新建两条水沟，集中排除地表水。水沟总长 271.5 m，采用梯形水沟，上底宽 1.8 m，下底宽 0.6 m，深 0.6 m，用 M7.5 水泥砂浆砌条石砌筑，条石强度不低于 MU30。

9.5　施工及监测

9.5.1　施工工艺

土石开挖采用机械或人工开挖。重力式挡土墙一般采用 5 m 进行跳槽施工，施工时应作好钢板桩基坑支护，每 10～12 m 设一道宽 2 cm 的沉降缝，沉降缝沿内外顶填塞沥青麻筋，填塞深度 20 cm。

9.5.2　监　测

1）施工期安全监测

（1）大地变形监测。

在塌岸区适当位置布设监测基准点、表面水平位移监测点、表面倾斜位移监测点，采用视准法进行监测。

（2）深部位移监测。

采用钻孔倾斜仪进行监测。

（3）表面倾斜监测。

主要针对支挡结构进行监测。

（4）应力、应变监测。

主要对支挡结构的应力、应变进行监测。

（5）巡视检查。

2）防治效果监测

防治效果监测应结合施工安全监测进行。防治效果监测时程不应少于一个水文年，数据采集时间间隔宜为 7～10 天，在外界扰动较大时，如暴雨期间，应加密监测次数。

9.6 塌岸治理效果

本次对塌岸进行调查，发现原治理工程已被库水淹没，现状如图 9.11 所示。库岸未发生滑塌现象，治理工程效果良好。

图 9.11 塌岸现状

第10章 瓦窑背—龙船寺库岸

瓦窑背—龙船寺库岸位于万州区长江大桥北引道及红溪沟港区附近，巨厚层长石砂岩分布于长江岸边及长江大桥支一线外侧，形成陡崖，若发生塌岸将对长江大桥桥墩造成不利影响，所以应根据其特点进行治理。瓦窑背—龙船寺库岸段属于岩土混合型岸坡，区内发育有红溪沟滑坡。就破坏模式而言，由于下伏软弱基岩受库水位涨落的影响，其可能发育有侵蚀、崩塌和滑移三种破坏模式，固其属于混合型岸坡。主要治理措施采用护坡，结合坡脚土挡墙，防止坡脚受到侵蚀、冲刷；对于风化程度高的岩石以及可能的剥落休进行清除，防止发生崩塌型破坏；对于红溪沟滑坡的滑移型破坏采用后缘减载、抗滑桩支挡及前缘填土反压的综合治理措施，防止发生破坏。

10.1 库岸概况

瓦窑背—龙船寺库岸段（以下简称库岸区）位于长江左岸，中心坐标纬度为 30.767°，纬度为 108.413°，长度 1 126.70 m。交通位置图如图 10.1 所示。

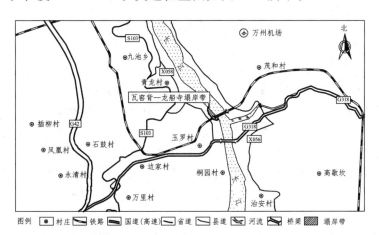

图 10.1 瓦窑背—龙船寺库岸段交通位置图

1. 地形地貌

库岸区属于较典型的构造-剥蚀丘陵岸坡地貌。分布高程 100～198 m，相对高差 98 m，地形上南西高北东低。最低点位于长江边，高程 100 m。测区岸坡走向 48°，长江边分布有高漫滩，5—5′剖面附近下部分布有陡崖，中部为斜坡，后部长江大桥支一线外侧为陡崖。

2. 地层岩性与地质构造

库岸区出露基岩为侏罗系中统上沙溪庙组第三段第五层（J_2s^{3-5}）和第六层（J_2s^{3-6}）；第四系有人工填土、崩积层、坡积层和滑坡堆积层。第五层为紫灰、灰白色巨厚层长石砂岩，形成陡崖。第六层为紫灰、灰白色巨厚层长石砂岩。人工填土（Q_4^{ml}），松散—密实，分布于码头建设区，厚度 0～13.50 m；崩积、坡积物（Q_4^{col+dl}）以粉质黏土夹碎块石为主，混夹少量黏土和岩屑；滑坡堆积层主要成分为黏土夹碎石。具有代表性的剖面如图 10.2 所示。

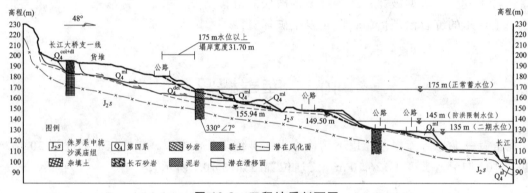

图 10.2　工程地质剖面图

3. 水文地质条件

库岸区内地表水主要为长江水，地表水系不发育，在库岸区北部靠近长江边可见少量泉水出露，泉水流量一般小于 0.1 L/min。雨季大气降水多顺坡面以面流的形式汇入库岸区南东侧红溪沟和库岸区北西侧瓦窑寺冲沟，部分入渗地下，补给地下水，最后排向长江。库岸区地下水类型可分为松散介质孔隙水和基岩裂隙水。

根据库岸区地表水、地下水化学分析，测区地表水、地下水对混凝土无腐蚀性。

4. 库岸结构类型

库岸区岸坡地质结构特征见表 10.1。由于受砂、泥岩互层以及风化差异和人类活动影响，库岸区岸坡呈多级阶梯状层状地貌。砂岩区江边为岸边斜坡，上部形成陡崖；泥岩区形成斜坡，人工挖填方后形成平台。根据库岸岩土体形式组合可将岸坡划分为不同的结构类型。岸坡的结构类型划分方法见表10.2。

表 10.1　岸坡地质结构特征一览表

剖面号	岸坡结构	代号	岩性组合	坡角/(°)			第四系堆积层厚度/m		
				<145 m	145~175 m	>175 m	145 m 高程以下	145~175 m	175 m 高程以上
2—2'	混合型	III₂	砂、泥岩互层、上覆第四系土层	5~23	19	6~37	0~7.5	7.5~25	0~25
4—4'	混合型	III₂	砂、泥岩互层、上覆第四系土层	7~22	22	11	0~2.9	0~8	5.9~8.9
6—6'	混合型	III₂	砂、泥岩互层、上覆第四系土层	5~24	15	9~17	0~5	0.3~6	0~19.6

表 10.2　库岸结构类型划分方法一览表

一级划分		二级划分		岩土体组合形式
名　称	代号	名　称	代号	
岩质岸坡	I	砂岩岸坡	I₁	岸坡岩性为砂岩
		黏土岩岸坡	I₂	岸坡岩性为黏土岩
		二元岸坡1	I₁₊₂	岸坡上部为砂岩；下部为黏土岩
		二元岸坡2	I₂₊₁	岸坡上部黏土岩；下部为砂岩
		复合岸坡	I_M	岸坡岩性为砂岩与黏土岩互层
土质岸坡	II	黏土类岸坡	II₁	岸坡岩性为黏土
		黏土夹碎石岸坡	II₂	岸坡岩性为碎石土
		块石夹土岸坡	II₃	岸坡岩性为块石土
混合型岸坡	III	混合型岸坡1	III₁	岸坡上部为碎石土，下部为砂岩
		混合型岸坡2	III₂	岸坡上部为碎石土，下部为黏土岩
		混合型岸坡3	III₃	岸坡上部为块石土，下部为砂岩
		混合型岸坡4	III₄	岸坡上部为块石土，下部为黏土岩

5. 库岸破坏类型

库岸破坏类型见表10.3。

表 10.3　库岸破坏类型划分

剖 面 代 号	岸 坡 结 构	岸 坡 分 类
1—1	黏土	滑移型塌岸
2—2	碎石土，黏土泥岩	滑移型塌岸
3—3	黏土	滑移型塌岸
4—4	黏土	滑移型塌岸
5—5	黏土，砂岩	滑移型塌岸
6—6	黏土	滑移型塌岸

6. 库岸工程地质分段

依据一级库岸划分原则，库岸为混合型岸坡（Ⅲ）。本库岸段工程地质分段及工程地质特征详见表10.4。

表 10.4　库岸工程地质分段表

序号	长度/m	一级划分	二级划分	工 程 地 质 特 征
1	880	Ⅲ	Ⅲ$_1$	本段库岸为阶梯状层状地貌，砂岩区江边为岸边斜坡，上部形成陡崖，泥岩区形成斜坡，人工挖填方后形成平台，局部基岩出露，中上部为斜坡，坡度角 6°～37°，岸边斜坡坡度角 5°～7°，地层岩性上部为人工填土和崩坡积粉质黏土夹碎石，下伏基岩为 J$_2$s^3 的砂岩、泥岩互层。由于该段库岸地下水类型及蓄水条件差异较大，故无统一地下水位。基岩埋深 3.00～13.90 m，强风化带厚度 0.8～5.5 m。该段库岸南部发育有红溪沟港区滑坡。

7. 其他不良地质现象

库岸区内发育有红溪沟滑坡，滑坡位于长江大桥下游约 400 m 的河谷斜坡地带，红溪沟港口的后方，滑坡后方为万州长江大桥支一线公路国道 318 线。滑坡边界北起 150 m 高程线，南至长江大桥支一线公路的外侧，东西两侧均为自然边界。滑坡体东西长 330 m，南北宽 310 m，面积 1.023×10^4 m^2，平均厚度 10.8 m，体积约为 10.5×10^4 m^3，主滑方向 16°。

10.2 库岸稳定性分析

1. 岩土体物理力学性质

库岸段岩土体物理力学参数见表 10.5～表 10.7。

表 10.5 土体重度建议值

土 体 名 称	室内试验/（kN/m³）		现场试验/（kN/m³）		建议值/（kN/m³）	
	天 然	饱 和	天 然	饱 和	天 然	饱 和
碎石土（黏土夹碎石）			19.2		21.5	22.5
块石土（黏土夹块石）			22.22		22	23.5
人工填土			19.5	21.2	19.5	20.5
粉质黏土（黏土）	19.45	19.77	21.56		21	22
粉 土	19.16	19.44	17.0		19	20

表 10.6 滑移土体强度参数

参 数 计算部位	天然抗剪强度		饱和抗剪强度		天然重度 /（kN/m³）	饱和重度 /（kN/m³）
	C/kPa	ϕ/（°）	C/kPa	ϕ/（°）		
滑 带	16.5	11°26′	14.0	9°00′	21.5	22.0
潜在滑面	38.0	14°36′	23.0	10°26′		

表 10.7 岸坡稳定坡角取值

岸坡岩土体类型	水位变动带稳定坡角/（°）	水下岸坡稳定坡角/（°）	水上岸坡稳定坡角/（°）
粉质黏土（黏土）岸坡	9	11	22
黏土夹碎石岸坡	11	13	28
块石土岸坡	18	21	30
强风化砂岩岸坡	19	20	25
弱风化砂岩岸坡	40	45	75
强风化黏土岩岸坡	12	13	25

2. 稳定性分析方法

稳定性分析方法采用折线法，分析工况见表10.8。

表 10.8　稳定性计算工况

工况 1	工况 2	工况 3	工况 4
自重 + 天然状态	自重 + 暴雨	自重 + 175 m 库水位	自重 + 145～175 m 库水位 + 暴雨

3. 稳定性分析结果

稳定性分析结果见表10.9。

表 10.9　稳定性分析结果

工　况	工况 I	工况 II	工况 III	工况 IV
稳定系数	1.08	1.0	0.99	0.97
安全系数	1.15	1.15	1.15	1.05
剩余下滑力/（kN/m）	498	751	554	796

综合上述稳定性计算结果，在现状条件下稳定系数 1.284～1.589，滑坡处于稳定状态；暴雨作用下稳定系数 1.005～1.268，滑坡部分地段处于稳定—基本稳定状态，局部地段欠稳定；175 m 水位时，稳定系数 0.990～1.393，滑坡部分地段处于稳定—基本稳定状态，局部地段欠稳定，个别地段不稳定；当库水位在 145～175 m 间波动时，稳定系数 0.979～1.320，滑坡个别地段处于稳定—基本稳定状态，局部地段欠稳定，部分地段不稳定。

10.3　库岸塌岸预测与评价

1. 库岸塌岸破坏方式预测

本段库岸为混合型岸坡。岸坡破坏方式有以下几种：

（1）剥蚀型：发生于由黏土岩为主组成的基岩较缓库岸段，由于库水的涨落，岩层处于干湿交替状态，这一类岩性组合在干湿交替状态下风化较强烈，库水对风化后的岩层剥蚀作用较强烈。

（2）剥落型：主要发生于 5—5′剖面附近下部基岩长石砂岩陡崖处。

（3）滑移型：这一变形形式主要发生在红溪沟滑坡区。

2. 库岸塌岸预测及评价

运用图解法对测区在 145 m 和 175 m 特征水位下的塌岸进行预测，其成果见表 10.10。

瓦窑背—龙船寺库岸段总长度 1 126.70 m，红溪沟滑坡所占的 385.26 m 库岸段，实际塌岸长度 741.44 m。根据预测结果，本库段属再造强烈段的库岸长度 534 m，占 47.2%；属再造轻微段的 207.44 m，占 18.4%。在 175 m 特征库水位下，最大库岸再造宽度 150 m，影响高程 192 m。下面对典型库岸段再造类型及再造预测分述如下。

（1）2—2'剖面：上部为人工填土和粉质黏土夹碎石，中部粉质黏土夹碎石，下部泥岩、砂岩混合型岸坡。岸坡在自然状态下稳定，在 145 m 库水位时，存在滑移型、侵蚀型库岸再造，塌岸宽度 111 m，塌岸影响高程 175 m；在 175 m 水位时存在滑移型、侵蚀型库岸再造，塌岸（库岸再造）预测宽度 150 m，塌岸（库岸再造）高程 190 m。

（2）4—4'剖面：为上部、中部人工填土和粉质黏土夹碎石，下部泥岩、砂岩混合型岸坡。岸坡在 145 m 库水位时，存在滑移型、侵蚀型库岸再造，塌岸宽度 51 m，塌岸（库岸再造）高程为 166 m；在 175 m 库水位时，存在滑移型库岸再造类型，塌岸宽度 44 m，塌岸（库岸再造）影响高程 177 m。

表 10.10 塌岸预测结果

剖 面 号	特征库水位（175 m）塌岸（库岸再造）预测值	
	宽 度/m	高 程 线/m
1—1'	104.00	192.40
2—2'	150.80	190.00
3—3'	78.90	174.90
4—4'	44.30	177.80
5—5'	11.10	147.50
6—6'	31.70	185.20

（3）6—6'剖面：为上部、中部人工填土和粉质黏土夹碎石（局部基岩出露）、下部砂岩混合型岸坡。在 145 m 库水位时，存在滑移型库岸再造，塌岸宽度 33 m，塌岸（库岸再造）影响高程 145 m；在 175 m 库水位时，存在滑移型、侵蚀型库岸再造，塌岸宽度 31 m，塌岸（库岸再造）影响高程 185 m。

10.4 治理工程设计

10.4.1 工程方案

瓦窑背—龙船寺库岸段总长度 1 126.70 m，红溪沟滑坡所占的 385.26 m 库岸段，实际塌岸长度 741.44 m。其中，强烈再造段长度 534 m。塌岸防治工程方案如下：

（1）对区内土质岸坡滑移型库岸再造地带，采取削坡减载压脚方式，并对坡面进行修整，通过改变斜坡形态的方式，以保证库岸的稳定。

（2）砂岩坍塌型库岸再造段，为保证红溪沟码头的安全，对 5—5′剖面附近砂岩坍岸段的小块危岩，采用清除措施。

（3）对以剥蚀为主库岸再造带，在岸坡整体基本稳定的情况下，为防止剥蚀进一步发展而影响斜坡的稳定，采取喷护方式。对中下部黏土岩段，采取喷护的方式进行治理，以防止风化进一步发展。

（4）对 175.26 m 高程以下的土质岸坡，经坡面修整后再进行干砌块石护坡，并在坡脚处设护脚挡墙。干砌石护坡坡身由三层组成，面层为干砌块石，厚度 30 cm；中间层为小卵石垫层，厚度 10 cm；下层为中砾垫层，厚度 10 cm。护坡上缘设截水沟，拦截地表径流，顺坡面设四条排水沟排泄地表径流。除 1—1′剖面段 80 m 库岸防治下限为 133.26 m 外，其余均为 143.26 m。

（5）红溪沟滑坡采用排水前提下，后缘减载、抗滑桩支挡及前缘填土反压的综合治理方案。在红溪沟滑坡后部及东、西两侧的滑坡外缘布设截水沟，截流滑坡体周围的地表水，并将其排泄至长江。排水沟断面尺寸净空 110 m × 110 m，壁厚 30 cm，由浆砌块石砌筑，总长 1 124 m。减载方案是在 175 m 水位以上采取部分减载，减载平台位于 175 ~ 180 m 高程，后方卸载到强风化层顶面。减载土方为 163 930 m³，减载平台距离支一线公路路面高差 25 ~ 30 m。在 175 m 高程附近设置单排悬臂抗滑桩，桩断面尺寸除了 4—4′剖面为 1.5 m × 2.0 m 的矩形桩外，3—3′剖面和 6—6′剖面均为 1.2 m × 1.8 m 的矩形桩，单桩长度 12 ~ 15 m，桩端嵌中风化岩层深度不小于 4.0 m，该方案共设桩 43 根，总长度约 600 m。治理工程平面图如图 10.3 所示。

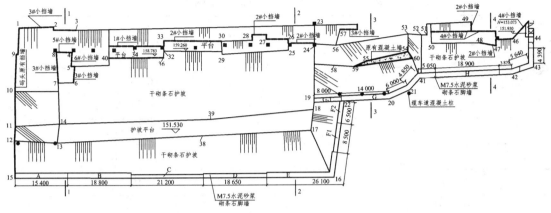

图 10.3 瓦窑背—龙船寺塌岸治理工程平面图

10.4.2 设计参数

1. 地基承载力及变形模量

勘察区覆盖层土体地基承载力是根据现场动探试验击数换算得到的；同时，考虑到现场动探试验结果的分散性，参考了《岩土工程手册》中的相关经验值，取值见表10.11。

表 10.11 承载力及变形模量建议值表

土体名称	承载力/kPa	变形模量/MPa
碎石土（黏土夹碎石）	140～260	10～15
块石土（黏土夹块石）	180～300	15～20
人工填土	80～110	5～10
黏 土	120～200	6～10
粉质黏土	130～210	8～12

2. 土对挡土墙基底的摩擦系数

勘察区覆盖层土体对挡土墙基底的摩擦系数（μ）的建议值见表10.12。

3. 岩石与砂浆间黏结强度建议值

勘察区岩石与砂浆间黏结强度建议值见表10.13。

表 10.12　土对挡土墙基底的摩擦系数

岩土类型		摩擦系数（μ）
黏性土	可　塑	0.25～0.30
	硬　塑	0.30～0.35
	坚　硬	0.35～0.45
粉　土		0.30～0.40
砂、砾砂		0.40～0.50
碎石土		0.40～0.60
黏土岩（软质岩）		0.40～0.60
长石石英砂岩（硬质岩）		0.65～0.75

表 10.13　岩石与砂浆间黏结强度建议值（MPa）

岩石名称	黏土岩	粉砂岩	长石石英砂岩
黏结强度	<0.2	0.2～0.4	0.4～0.6

注：水泥砂浆强度为 30 MPa，混凝土强度等级 C30。

4. 基岩承载力标准值

基岩承载力标准值见表 10.14。

表 10.14　基岩承载力标准值

岩石类型	承载力标准值/kPa			新鲜岩体桩端承载力/kPa
	强风化岩体	弱风化岩体	微风化及新鲜岩体	
黏土岩	130～200	300～1 000	670～1 500	3 000～5 000
粉砂岩	150～250	500～1 200	1 000～2 500	5 000～7 500
长石石英砂岩（石英长石砂岩）	250～300	1 000～2 500	2 500～6 000	7 500～10 000

5. 重力式挡墙设计参数

墙后填土的计算内摩擦角：$\phi = 32°$。

挡土墙墙背与填土之间摩擦角：$\delta = \phi/2 = 16°$。

填土天然容重：$\rho_{填} = 21.5 \ kN/m^3$。

填土饱和容重：$\rho_1 = 22.5 \ kN/m^3$。

浆砌石容重：$\rho_{浆} = 22 \ kN/m^3$。

挡土墙基底对地基的摩擦系数：硬质岩基 $\mu = 0.5$；软质岩基 $\mu = 0.4$。

地基允许承载力：碎石土为 250～280 kPa；硬岩（强风化）为 500～1 000 kPa；软岩（强风化）为 200～500 kPa。

安全系数：抗滑稳定安全系数 $K_c \geqslant 1.3$，抗倾稳定安全系数 $K_0 \geqslant 1.6$，基底应力不超过地基允许承载力。

10.4.3 具体工程设计

干砌石护坡坡身由三层组成，面层为干砌块石，厚度 30 cm，中间层为小卵石垫层，厚度 10 cm，下层为中砾垫层，厚度 10 cm。护坡上缘设截水沟。除 1—1′剖面段 80 m 库岸防治下限为 133.26 m 外，其余均为 143.26 m。各剖面护坡设计图如图 10.4～图 10.8 所示。

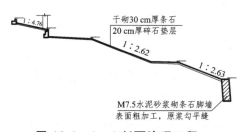

图 10.4　1—1′剖面治理工程

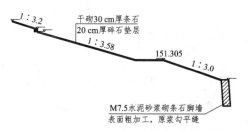

图 10.5　2—2′剖面治理工程

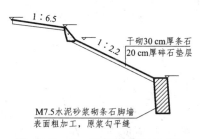

图 10.6　3—3′剖面治理工程

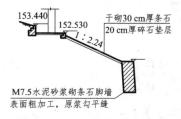

图 10.7　4—4′剖面治理工程

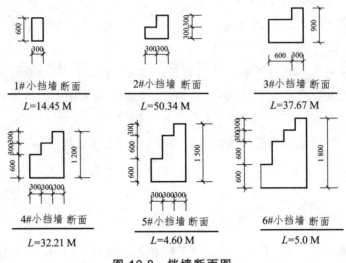

图 10.8　挡墙断面图

10.5　施工及监测

10.5.1　施工工艺

干砌块石材料要求：石料必须选用新鲜、坚硬的砂岩，不得使用有尖脚或薄边的石料砌筑，石料强度标号不小于 MU30，石块平均粒径 0.3 m，即石块平均质量为 35 kg 左右，长边大于 0.3 m 的石块应占 75%以上，最小边尺寸不宜小于 20 cm，不允许使用薄片状石料。

10.5.2　监　测

主要对地表位移、地下水位进行监测。

地表位移施测采用 S$_3$ 型水准仪。点位误差要求不超过 ±（2.6～5.4）mm；水准测量每千米中误差小于 ±（1.0～1.5）mm。由于自然因素的不可预见性，以及监测仪表的局限性，为能正确分析和预报滑坡变形态势，从施工期到运行期均须长期进行巡视检查。

10.6　塌岸治理效果

图 10.9 为塌岸治理后照片。对塌岸现状进行调查，已有的塌岸治理措施被江水淹没，码头建设用地已经远超过原来的塌岸治理边界，如图 10.10 所示。说明塌岸稳定，治理效果良好。

图 10.9　塌岸治理后

图 10.10　红溪沟码头现状（2014）

第11章 三峡库区重庆段危岩概述

三峡库区危岩灾害极其发育，尤其是万州地区。万州区地处重庆市东大门，位于三峡库区中心地带，是三峡工程移民迁建的重点地区。位于城区的危岩体在自重、暴雨等不利因素的作用下产生崩塌，将对陡崖下的人群、房屋造成危害；位于水库两岸岸坡上部的危岩体若发生崩塌，将可能造成堵江断流。危岩崩塌等灾害的发生，对人民的生命财产安全、基础设施安全等造成了极大威胁。因此，为确保三峡移民工程及经济建设的有序进行，必须对危岩进行有效的治理。

1. 危岩的分布

三峡库区重庆段危岩主要分布于万州城区，由搜集的 11 个危岩带 375 个危岩单体的资料统计可知，危岩分布的地貌主要为低山丘陵地貌及河谷地貌。地层岩性主要为侏罗系中统沙溪庙组砂、泥岩，砂岩多为厚层及巨厚层。

2. 危岩的特征

万州区危岩主要分布于中缓倾砂岩、泥岩地层，岩体垂向裂隙发育，危岩体较多，存在很大的安全隐患。由资料统计可知，危岩体积方量范围较大，根据《重庆地质灾害防治工程勘察规范》（DB 50143—2003），万州区危岩多数属于中小型危岩，危岩体高度在 1.1 ~ 36.9 m 变化，平均高度为 12.35 m，厚度多处于 3 ~ 7 m。

3. 危岩的成因

危岩体的发育受内外部条件共同影响。内部条件包括危岩体的岩性、岩体结构以及地形地貌条件等，外部条件则为水体作用、风化作用等。

（1）岩性条件

危岩多发于岩性坚硬的岩石地段，如灰岩、砂岩及页岩等。区内侏罗系中统上沙溪庙组（J_2s）沉积岩广泛分布，泥岩、砂岩互层出露。砂岩抗风化能力强，泥岩风化速度快，泥岩基座风化内缩，形成岩腔，其上部的砂岩悬挑日益严重，当达到一定的破坏准则时，砂岩上形成主控裂隙，从而发育为差异风化型危岩[18]。陡倾、甚至直立的坡体软弱面（层面、节理裂隙等）是危岩发生崩塌的重要条件。高陡边坡卸荷带岩体结构破碎，断层节理构造面发育，当结构面倾向坡体临空面时易发生危岩崩塌。

（2）地形地貌条件

区内多分布有巨厚层沉积岩（如砂岩）下伏软弱层（如泥岩、页岩）的高大斜坡，斜坡上部陡崖地段地形陡峭，坡度多为 60°以上，陡崖下斜坡地段地形相对变缓，地形坡度角明显产生转折，陡坡临空后形成陡崖，为危岩的发育制造了空间上的条件。

（3）外部条件

受风化作用、地下水作用及人类工程活动等因素的影响，陡崖基底泥岩或其间泥质砂岩夹层的风化、软化、崩解，形成风化穴、软弱基座；上部砂岩相对强度较高，抗风化能力较好，风化崩解的速度相对泥岩慢，逐渐形成陡崖；在上覆岩体自重及建筑等外荷载作用下发生压缩流变及向临空方向的剪切流变。本阶段陡崖上缘及基底部位产生部分张裂隙，局部锁固段破坏，陡倾角裂隙带进一步拉裂扩张，陡崖渐变成危岩，形成危岩体[19]。

4. 破坏模式

根据危岩的破坏模式和《三峡库区三期地质灾害防治工程地质勘察技术要求》（2004）的规定，将区内危岩分为滑移式危岩、倾倒式危岩和坠落式危岩三类。

（1）滑移式危岩

此类危岩的后部发育了角度较缓的层面或结构面，以此与母岩相接。危岩体重心在后缘主控结构面内侧，受到重力及裂隙水压力的作用，沿着主控结构面剪切滑移失稳，剪出部位多数出现在陡崖或斜坡，也可能出现在危岩体基座岩土体中。万州区此类危岩多因其基座泥岩的软化及剪切流变作用，沿基座发生剪切滑移破坏。据资料统计，该类危岩占危岩总体的 21%左右。

（2）倾倒式危岩

此类危岩后部存在与边坡坡向一致的陡倾角贯通或非贯通的主控裂隙面。主控结构面倾角变化较大，一般大于 25°，多为陡崖或陡坡的卸荷张拉结构面，且主控结构面下端部潜存于陡崖或陡坡岩体内。危岩体底部局部临空，危岩体重心多数情况下出现在基座临空支点外侧，支点为中风化岩层外缘点，在荷载作用下通常围绕主控结构面的下端部或下端部与临空面的交点旋转倾倒破坏。统计表明，万州区发生倾倒式破坏的危岩常为厚层砂岩形成的高耸柱状或板状危岩体，因基座泥岩的差异风化及压缩流变作用发生破坏。倾倒式危岩分布广泛，且数量居多，约占总体 44%。

（3）坠落式危岩

此类危岩体后部为倾角大于 80°的卸荷结构面或断裂结构面，多数处于基本贯通状态；危岩下部受结构面切割脱离母岩，上部及后部与母岩尚未完全脱离；危岩体顶部为主控结构面，近于水平，其逐渐扩展贯通诱发危岩体变形与失稳坠落。据统计，万州区坠落式危岩约占危岩总体的 32%。

5. 稳定性分析

危岩稳定性分析方法众多，最为常用的是静力解析计算方法。在进行三峡库区重庆段危岩稳定性评价时，所采用的工况可分为现状工况和暴雨工况。"现状"应是勘察期间的状态，"暴雨"应是强度重现期为 50 年一遇 5 日暴雨（$q_全$）。对滑移式危岩和倾倒式危岩应分别考虑现状裂隙水压力和暴雨时裂隙水压力。

根据各危岩体的受力情况及可能的破坏形式，选择《三峡库区三期地质灾害防治工程地质勘察技术要求》（2004）中的滑移、倾倒和坠落式 3 种基本模型的 8 个公式来计算。对可能存在多种破坏模式的危岩体，对其可能产生的破坏模式分别进行计算。根据计算结果，选择最不利的一种作为其破坏形式。

6. 治理措施

危岩治理措施应根据危岩体形态特征、破坏模式及稳定性验算结果等选择。谨慎使用清除措施，避免危岩体后部母岩的损伤；在具有支撑条件时应优先采用支撑技术或具有支撑性能的综合防治技术，同时应重视危岩体边界及危岩体内地下水的有效排泄。

（1）清除工程：针对与母岩完全或基本分离、方量较小、零星悬崖且陡崖下居民及建筑物较稀少的危岩采取清除措施，且以危岩清除后，后部母岩不产生新危岩为基本原则。一般情况下应谨慎使用清除技术。

（2）支撑技术：当危岩体下部具有一定范围向坡内凹陷的岩腔，岩腔底部为承载力较高且稳定性好的中风化基岩，危岩体重心位于岩腔中心线内侧时，宜采用支撑技术进行危岩治理。支撑技术主要适用于坠落式危岩。部分滑塌式危岩需要使用支撑技术时应将支撑体底部削成内倾斜坡或台阶。

（3）封填及嵌补技术：当危岩体顶部存在大量较显著的裂缝或危岩体底部出现比较明显的凹腔等缺陷时，宜采用封填技术进行防治。

（4）灌浆技术：危岩体中破裂面较多，岩体比较破碎时，为了确保危岩体的整体性，宜进行有压灌浆处理。灌浆技术宜与其他技术共同使用。

（5）锚固：应正确选用锚固材料，设计锚固力；锚杆、锚索及锚钉的锚固力应根据计算确定，并据此进行锚孔、锚筋及锚固深度设计。危岩体锚固深度按照伸入主控裂隙面计算，不应小于 5.0 ~ 6.0 m。

7. 施工及监测

危岩的施工应根据危岩的具体破坏模式采取相应方法。撑锚结合治理的危岩体，施工顺序须为先撑后锚；危岩清除的施工顺序应严格按照逆作法施工，保证施工的安全。

危岩监测的主要目的为评价危岩稳定性，预测、预报危岩今后的变形以及发展趋势，为危岩的防治提供技术依据。

监测内容主要有地表绝对位移监测、裂缝相对位移监测、水体监测、锚杆拉力监测等。监测剖面应以绝对位移监测为主，应能控制危岩主要变形方向，并与勘探剖面重合或平行，宜利用勘探工程的钻孔、平洞、探井布设。当变形具有多个方向时，每一个方向均应有监测剖面控制。对地表变形地段应布设监测点，对变形强烈地段或当变形加剧时应调整和增设监测点。每条监测剖面的监测点不应少于 3 个。监测点的布置应充分利用已有的钻孔、探井或探洞进行。

8. 典型实例选择

根据工点危岩破坏模式类型全、治理措施有针对性的原则，本书选取了首立山危岩带和菜地沟危岩带作为实例进行详细介绍。

首立山危岩带共有 145 块危岩体，包含滑移式、坠落式及倾倒式三类破坏模式，破坏类型齐全。该危岩带采用锚固、支撑、清除及排水等措施进行综合治理，具有针对性及代表性。

菜地沟右岸危岩带共有 30 块危岩体，包含滑移式、坠落式及倾倒式三类破坏模式，主要采取锚固、支撑、清除等综合治理措施，类型齐全并具有代表性。

第12章　菜地沟右岸危岩带

菜地沟右岸危岩带位于万州区菜地沟右岸陡崖一带，地理坐标范围：东经108°19′35.79″～108°20′0.46″，北纬30°49′7.06″～30°49′19.65″。万州区西循环线、达万铁路菜地沟特大桥穿过危岩及危岩区。菜地沟右岸危岩带交通便利，见交通位置图（见图12.1）。

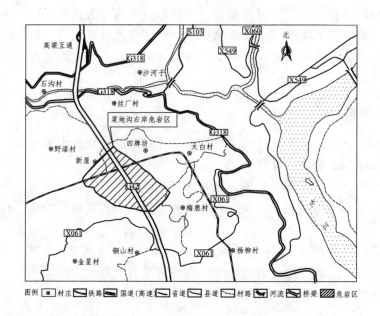

图 12.1　菜地沟右岸危岩带交通位置图

危岩带主要分布于中缓倾砂岩、泥岩地层，共有危岩体29个，单个危岩体体积在224～2 750 m³，总体积21 272 m³。菜地沟右岸危岩带发育有倾倒式、滑移式及坠落式三类不同模式的危岩，其中倾倒式破坏最为普遍。若危岩体发生崩塌，将严重威胁达万铁路菜地沟特大桥的安全，因此，对危岩的治理工作刻不容缓。对危岩进行治理时，如危岩体上有小块危岩块松动且不适合清除时，可采取锚固措施进行治理；对产生倾倒式或坠落式破坏的危岩，不具备清除条件时，采取凹腔封填（支撑）和锚固相结合的治理措施；危岩下凹腔较小时可采取封填处理，凹腔较大时采用支撑措施治理。

154

12.1 危岩带工程地质条件

1. 地形地貌

菜地沟危岩区属低山河谷剥蚀、侵蚀地貌。危岩地形地貌受地质构造、地层岩性控制明显。产状平缓的侏罗系中统上沙溪庙组砂、泥岩组合（上砂下泥）使区内砂岩形成危岩带或陡崖，泥岩形成宽缓平台或缓丘，经地表水的侵蚀切割而成台状山的地貌形态。

斜坡上部陡崖地段地形陡峭，坡度角 68°~87°，陡崖下斜坡地段地形相对变缓，地形坡度角 15°~27°，地形坡度角明显产生转折，陡坡临空后形成陡崖，为危岩的发育制造了空间上的条件。

2. 地层岩性

菜地沟右岸危岩带位于菜地沟右岸斜坡顶部，地层属侏罗系中统上沙溪庙组（J_2s），岩层产状 126°∠5°，为陡倾斜坡（见图 12.2）。坡顶危岩带为灰白色长石砂岩，裂隙发育，岩质较坚硬致密，厚度 20~35 m。

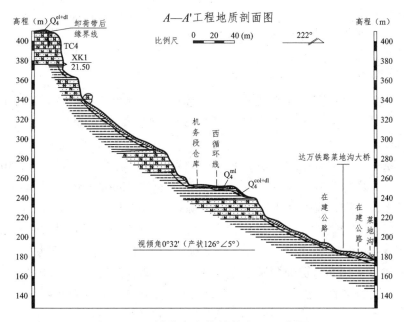

图 12.2 斜坡岩土体结构剖面示意图

危岩带的基座由侏罗系中统上沙溪庙组（J_2s）的紫红色泥岩组成，其间偶夹薄层状细砂岩透镜体。菜地沟右岸危岩带基座顶面高程为 313～368 m，西低东高。

位于上部危岩带的基座风化最为强烈，基座风化槽深约 2 m（见图 12.3），个别岩穴深度大于 4 m。软弱基座泥岩强风化厚度为 2～3 m，中等风化带顶界面坡度较陡，可达 60°。

图 12.3　危岩带泥岩基座强风化凹腔

基座泥岩遇水易崩解、开裂及软化。区内块状危岩体底界为陡崖带巨厚层长石砂岩体中部所夹的薄层状泥质砂岩层，其厚度 10～20 cm，风化程度较高，对陡崖带岩体层面裂隙起控制作用，沿此夹层断续形成层面裂隙带，分布高程 274～280 m。

3. 地质构造

勘查区构造上属万州复式向斜北西翼近核部地段，万州向斜平缓开阔呈屉形，其轴向 N30°～60°E，轴线长 60 km，北西翼陡（倾角 34°～85°），南东翼缓（倾角 14°～35°）。区内未见断层通过。

危岩带裂隙主要为构造裂隙和层面裂隙，裂隙主要发育于斜坡表部 0～30 m 深度范围内。层面裂隙产状大致为 126°∠5°，最大可见延伸长达 300 m，张开度 5～400 mm，充填岩屑及粉质黏土，干燥，裂面较平直。构造裂隙以走向 70°～90°和走向 330°～360°两组裂隙最为发育（见图 12.4），两组裂隙呈"X"型剪切岩体，裂隙间距为 2～12 m，倾角多大于 70°，裂宽 5～400 mm，裂面平直，局部充填粉质黏土且含少量砂岩碎块石，垂直延伸 2～18 m，水平延伸 5～30 m。层面裂隙近于水平，裂面少量泥质充填，局部泥岩透镜体强风化，呈凹腔形，裂面平直，少量波状。"X"型构造裂隙与层面裂隙相互切割、组合，为危岩的形成创造了条件，其他方向裂隙不发育（见表 12.1）。

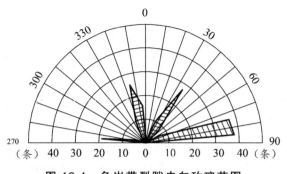

图 12.4　危岩带裂隙走向玫瑰花图

表 12.1　危岩带裂隙特征统计表

危岩带	分组	裂隙产状/（°）			主要特征
		走向	倾向	倾角	
菜地沟右岸危岩带	"X"型裂隙	330～360	240～270	70～90	属最发育裂隙之一，倾向与坡向斜交，是形成危岩的主控裂隙。裂隙张开度5～150 mm，走向延伸多大于5 m，垂直延伸贯穿砂岩层，裂隙间距5～18 m，裂面粗糙度中等，部分粉质黏土充填，夹少量碎块石
		60～90	150～180	70～90	属最发育裂隙之一，倾向与坡向斜交，与上述裂隙形成"X"型共同切割分裂危岩体。裂隙张开度20～400 mm，走向延伸多大于5 m，垂直延伸贯穿砂岩层，裂隙间距3～15 m，裂面平直，多粉质黏土充填，夹少量碎块石
	层面裂隙	20～40	110～130	0～10	与层面一致，由于局部夹泥岩透镜体，风化剥落后形成凹腔，该组裂隙将危岩体从纵向上分割成块体状

4. 水文地质条件

危岩带地下水类型主要为基岩裂隙水，赋存于区内沙溪庙组（J_2s）砂岩中，下部泥岩为相对隔水层，砂岩裂隙发育，但陡崖临空，排泄条件好，水位一般较深。地下水主要接受大气降雨补给，沿陡倾裂隙向下部运移，至砂、泥岩交接部位，受隔水层阻隔开始向水平方向径流，在陡崖临空处排泄。危岩带地下水补给区面积不大，排泄条件好，地下水不甚丰沛。

12.2 危岩特征

1. 危岩范围、规模及形态

菜地沟右岸危岩带主要沿菜地沟右岸斜坡中上部上砂溪庙组第三段巨厚层状长石砂岩呈带状分布。危岩带平面上呈直线分布，西起虎头寨，东至菜地沟，沿南东120°方位延伸，长 834 m，危岩带高度 12～30 m，坡顶高程 363～398 m，西高东低；坡脚高程 163.2～320.2 m，西低东高，最大相对高差 234.8 m（见图 12.5）。危岩体顶端距陡崖脚高度一般在20～70 m，属中位—高位危岩。陡崖带临空坡面近于直立，局部因泥岩基座差异风化及危岩体崩落形成凹岩腔。在平面上受结构面组合切割影响，危岩壁呈锯齿状起伏延伸。

图 12.5 菜地沟右岸危岩带全貌

菜地沟右岸危岩带在平面上大致呈直线状分布，总长约 775 m，分布危岩体共 29 个，总体积 21 272 m³。

危岩体的空间形态以柱状、板状、块状三种类型为主，个别为"帽檐状""手枪"状及"鹰嘴"状。单块体积 224～2 750 m³，均属于特大型危岩体。危岩带主要发育 4 组裂隙，切割裂隙倾角大，68%均大于 70°，裂面呈直线性、波状且较为粗糙，多数已上下贯通或呈贯通之势，大部分泥质充填或半充填。

（1）柱状体危岩

柱状体危岩主要为三棱柱状体和四棱柱状体，个别为平卧柱状体，危岩体上部多呈锥体，即上小下大（见图 12.6、图 12.7）。危岩柱体底边长 4～9 m，棱高 5～15 m，重心位于棱高的一半处。体积 372～2 750 m³。该类危岩体最为发育，有 W1、W2、W3、W15、W16、W17、W19、W20、W22、W23、W26 共 11 个危岩体。该形状的危岩体主要受构造裂隙和层间裂隙控制，以倾倒式崩塌破坏为主。

图 12.6　W15 柱状危岩体图

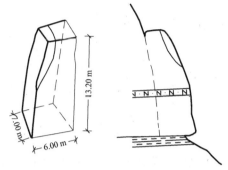

图 12.7　W15 柱状危岩体

（2）块状体危岩

块状危岩体的形态及大小受裂隙和岩层厚度的控制，边长一般为 6~10 m，棱高 5~12 m，重心位于棱高的一半处，块体的体积为 330~1 824 m³。该类危岩体主要发育在陡崖带上缘（见图 12.8、图 12.9），有 W4、W30、W56、W57，共 4 个危岩体，主要以滑移式和倾倒式崩塌破坏为主。

图 12.8　W56 块状危岩体

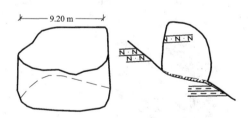

图 12.9　W58 块状危岩体

（3）板状体危岩

板状体危岩是柱状危岩体的特殊类型，如图 12.10 所示，平切面边长相差较大，短边长 3~5 m，长边长 10~18 m，棱高相差较大，重心位于棱高一半处。体积 311.6~1 575 m³。该类危岩体有 W13、W31、W58 共 3 个。

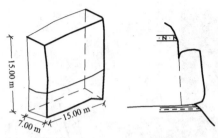

图 12.10　W31 板状危岩体

（4）"鹰嘴"状危岩

"鹰嘴"状危岩体是由于危岩体下部泥岩风化强烈，形成较深风化凹腔，或下部危岩体脱落，上部残留凸出而形成（见图 12.11、图 12.12）。该类危岩体仅有 W28 一个。

图 12.11　W28"鹰嘴"状危岩体

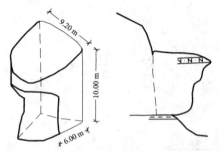

图 12.12　W28"鹰嘴"状危岩体

（5）"帽檐"状危岩

"帽檐"状危岩体一般是因危岩体上部向外凸出，形似"帽檐"而命名（见图 12.13、图 12.14）。该类危岩体有 W21、W32，共 2 个。

除上述各形状危岩体外，另有"锤子"状、"蘑菇"状等危岩体。

图 12.13　W21"帽檐"状危岩体

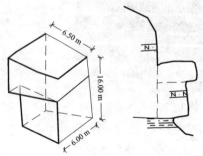

图 12.14　W21"帽檐"状危岩体

2. 结构特征

菜地沟右岸危岩带位于菜地沟右岸斜坡顶部，坡顶为灰白色长石砂岩，基座由紫红色泥岩、粉砂质泥岩组成。

菜地沟右岸危岩带岩层近于水平，危岩带坡陡，坡角大，该段为结构面属较密区。据统计，危岩带共发育 198 条裂隙。其中发育优势结构面 4~5 组，陡倾裂隙（倾角大于 70°）最发育，占 70%以上，缓倾裂隙（倾角小于 30°，主要指层面裂隙和局部的交错裂隙）占 20%以上，中倾裂隙（倾角 30°~60°）极少。

勘查区构造裂隙、卸荷裂隙及层面裂隙多发育于巨厚层砂岩体中，该类裂隙贯通良好，裂面平直，多泥质充填。风化裂隙主要发育在危岩软弱基座的泥岩层中，裂隙密度大，长度短，常形成风化凹腔。

裂隙发育程度与构造、岩性组合、外营力作用相关，在砂岩体厚度大、坡度陡部位为结构面密集区，相反为结构面较疏区（见表 12.2）。

表 12.2　裂隙密度统计表

区　段	面密度 / （条/m²）	层面裂隙线密度/（条/m）	构造裂隙线密度/（条/m）	卸荷裂隙线密度/（条/m）	备　　注
菜地沟右岸危岩带	0.165	0.212	0.384	0.255	以倾向 240°~270°，倾角 60°~90°卸荷裂隙较发育

3. 危岩破坏方式及特征

（1）危岩破坏方式

危岩块体破坏方式可归结为倾倒式、滑移式和坠落式三种。

倾倒式：高耸的柱状及板状危岩体，常因基座泥岩的差异风化及压缩流变作用，发生倾倒破坏。规模一般较大，方量为 156.6~2 750 m³，勘查区大部分危岩体（26 个）均可能发生倾倒破坏。

滑移式：发育较低的一类块状危岩体，因其基座泥岩的软化及剪切流变作用，沿基座发生剪切滑移破坏。该类危岩体较少，仅有 W30、W56、W57 共 3 个，方量为 312.80~761.60 m³。

坠落式：指高悬于陡崖上缘的危岩体，因裂隙贯通而易发生坠落，此类危岩体仅有 W13 一个，方量为 546 m³。

（2）崩塌运动特征分析

不同类型的危岩块体失稳破坏，其崩塌的运动特征各不相同。倾倒及滑塌类危岩块体均以陡崖脚为接触点解体运动，沿下部约 40°的斜坡翻滚向下，滚动的初始速度较小。坠落类危岩体失稳均从约 80°的陡崖上部或顶部下落，主要为块状危岩体的转动坠落，在下方斜坡上以较大初速度滚动、跳跃，直至停止。显然坠落类危岩体比倾倒和滑塌类危岩体运动距离远，其落距可以代表崩塌的最大落距。

通过崩塌块石的调查，菜地沟危岩崩塌落距受地形限制明显，具有水平落距远，垂直落差大，块石大的特点，块石形态与陡崖带危岩块体相似。最大水平落距为 300 m，最大垂直落距为 225 m，最大块石体积为 785.00 m³。

通过对菜地沟危岩带各危岩体崩落距离的预测，其最大水平落距为 320 m。

12.3　危岩稳定性评价

1. 计算工况的确定

危岩稳定性计算所采用的工况可分为现状工况（工况 1）、暴雨工况（工况 2），"现状"是指勘查期间的状态，"暴雨"为 50 年一遇 5 日暴雨（$q_全$）。危岩稳定性计算中各工况应考虑自重，同时对滑移式和倾倒式危岩应分别考虑现状裂隙水压力和暴雨时裂隙水压力。

2. 计算参数的确定

倾倒式危岩岩体抗拉强度标准值 f_{lk} 根据岩石（危岩体）抗拉强度标准值乘于 0.4 的折减系数确定，坠落式危岩则乘以 0.2。危岩体黏聚力标准值由岩石（危岩体）黏聚力标准值乘以 0.3 的折减系数确定。危岩体内摩擦角标准值由岩石（危岩体）内摩擦角标准值乘于 0.9 的折减系数确定。滑移式危岩滑移结构面抗剪强度根据《建筑边坡工程技术规范》（DB 50/330—2002）来确定裂隙面黏聚力及内摩擦角。

危岩区勘查期间有一定地下水，裂隙发育，排泄条件好，现状裂隙充水高度取裂隙深度的 0.1 倍，暴雨时裂隙充水高度取裂隙深度的 0.2 倍。

具体计算参数见表 12.3，稳定状态划分标准见表 12.4。

表 12.3 危岩体稳定性计算参数一览表

类 别	天然重度 /（kN/m³）	饱和重度 /（kN/m³）	抗拉强度 /kPa	黏聚力/kPa	内摩擦角/（°）
倾倒式危岩体	23.9	24.4	596		
坠落式危岩体	23.9	24.4	298	1212	36.8
滑移式危岩体	23.9	24.4			
W30 滑移面				25（饱和 22.5）	14（饱和 12.6）
W56、W57 滑移面				20（饱和 18）	9.8（饱和 8.82）

表 12.4 危岩稳定状态划分标准表

危岩类型	危岩稳定状态			
	不稳定	欠稳定	基本稳定	稳定
滑移式危岩	$F<1.00$	$1.00 \leqslant F<1.15$	$1.15 \leqslant F<F_t=1.20$	$F \geqslant F_t=1.20$
倾倒式危岩	$F<1.00$	$1.00 \leqslant F<1.25$	$1.25 \leqslant F<F_t=1.30$	$F \geqslant F_t=1.30$
坠落式危岩	$F<1.00$	$1.00 \leqslant F<1.35$	$1.35 \leqslant F<F_t=1.40$	$F \geqslant F_t=1.40$

3. 稳定性计算

勘查区危岩体发生崩塌的破坏机制最主要有三种形式：倾倒式、滑移式和坠落式。

勘查区 29 处危岩体稳定性计算见表 12.5、表 12.6、表 12.7、表 12.8，从表中可以看出危岩下部风化凹腔越深，危岩稳定性越差；除个别危岩体外，危岩体在工况 1 时稳定性一般较好，在工况 2 时稳定性较差，暴雨对危岩体的稳定性有一定影响。

表 12.5 菜地沟右岸危岩带倾倒式危岩稳定性计算表（一）
（由后缘岩体抗拉强度控制，重心在倾覆点之外）

危 岩 编 号	工 况	稳定性计算			稳定状态
		抗倾覆力矩	下倾力矩	稳定系数	
W3	工况 1	93.52	80.62	1.16	欠稳定
	工况 2	119.52	116.04	1.03	欠稳定
W4	工况 1	1 237.37	1 135.20	1.09	欠稳定
	工况 2	1 169.34	1 157.76	1.01	欠稳定

危岩编号	工况	稳定性计算			稳定状态
		抗倾覆力矩	下倾力矩	稳定系数	
W13	工况 1	1 263.36	922.16	1.37	基本稳定
	工况 2	1 268.00	982.94	1.29	基本稳定
W14	工况 1	408.42	355.15	1.15	欠稳定
	工况 2	418.63	414.49	1.01	欠稳定
W17	工况 1	892.27	789.62	1.13	欠稳定
	工况 2	854.31	837.56	1.02	欠稳定
W19	工况 1	22.76	16.61	1.37	基本稳定
	工况 2	91.45	87.09	1.05	欠稳定
W20	工况 1	422.89	320.37	1.32	基本稳定
	工况 2	467.14	420.85	1.11	欠稳定
W21	工况 1	639.92	542.30	1.18	欠稳定
	工况 2	647.09	640.68	1.01	欠稳定
W24	工况 1	110.42	90.51	1.22	欠稳定
	工况 2	213.35	205.15	1.04	欠稳定
W28	工况 1	1 778.17	1 469.56	1.21	欠稳定
	工况 2	1 582.11	1 506.77	1.05	欠稳定
W33	工况 1	325.08	194.66	1.67	稳定
	工况 2	324.26	219.10	1.48	稳定

表 12.6 菜地沟右岸危岩带倾倒式危岩稳定性计算表（二）
（由后缘岩体抗拉强度控制，重心在倾覆点之内）

危岩编号	工况	稳定性计算			稳定状态
		抗倾覆力矩	下倾力矩	稳定系数	
W1	工况 1	52.40	47.21	1.11	欠稳定
	工况 2	52.40	50.87	1.03	欠稳定

危岩编号	工 况	稳定性计算			稳定状态
		抗倾覆力矩	下倾力矩	稳定系数	
W2	工况 1	175.06	136.76	1.28	基本稳定
	工况 2	175.06	160.60	1.09	欠稳定
W15	工况 1	197.40	106.13	1.86	稳定
	工况 2	197.40	134.29	1.47	稳定
W16	工况 1	323.70	241.57	1.34	基本稳定
	工况 2	323.70	296.97	1.09	欠稳定
W18	工况 1	87.93	64.6	1.36	基本稳定
	工况 2	87.93	77.81	1.13	欠稳定
W22	工况 1	217.76	149.15	1.46	稳定
	工况 2	217.76	168.81	1.29	基本稳定
W23	工况 1	389.81	316.92	1.23	欠稳定
	工况 2	389.81	382.17	1.02	欠稳定
W25	工况 1	91.99	67.64	1.36	基本稳定
	工况 2	91.99	78.62	1.17	欠稳定
W26	工况 1	105.99	86.88	1.22	欠稳定
	工况 2	105.99	101.91	1.04	欠稳定
W27	工况 1	88.82	66.78	1.33	基本稳定
	工况 2	88.82	73.40	1.21	欠稳定
W29	工况 1	74.33	57.62	1.29	基本稳定
	工况 2	74.33	64.64	1.15	欠稳定
W30	工况 1	105.06	44.71	2.35	稳定
	工况 2	105.06	59.70	1.76	稳定
W31	工况 1	169.83	128.66	1.32	基本稳定
	工况 2	169.83	146.41	1.16	欠稳定

危岩编号	工况	稳定性计算			稳定状态
		抗倾覆力矩	下倾力矩	稳定系数	
W32	工况 1	245.97	192.16	1.28	基本稳定
	工况 2	245.97	215.76	1.14	欠稳定
W55	工况 1	173.02	127.22	1.36	基本稳定
	工况 2	173.02	145.40	1.19	欠稳定
W56	工况 1	476.65	256.26	1.86	稳定
	工况 2	476.65	338.05	1.41	稳定
W57	工况 1	703.41	362.58	1.94	稳定
	工况 2	703.41	465.83	1.51	稳定
W58	工况 1	538.86	445.34	1.21	欠稳定
	工况 2	538.86	513.20	1.05	欠稳定

表 12.7 菜地沟右岸危岩带坠落式危岩稳定性计算表（后缘有陡倾裂隙）

危岩编号	工况	稳定性计算			稳定状态
		抗倾覆力	下倾力	稳定系数	
W13	工况 1	240.39	201.18	1.19	欠稳定
	工况 2				

表 12.8 菜地沟右岸危岩带滑移式危岩稳定性计算表（后缘有陡倾裂隙）

危岩编号	工况	稳定性计算			稳定状态
		抗倾覆力	下倾力	稳定系数	
W30	工况 1	343.08	272.28	1.26	基本稳定
	工况 2	338.16	284.17	1.19	基本稳定
W56	工况 1	198.54	190.90	1.04	欠稳定
	工况 2	194.72	190.90	1.02	欠稳定
W57	工况 1	467.52	445.26	1.05	欠稳定
	工况 2	458.62	445.26	1.03	欠稳定

12.4　治理设计

12.4.1　工程布置

　　危岩体的治理措施主要根据危岩体的形态特征、规模、破坏模式、稳定性计算结果等选择。菜地沟右岸危岩带危岩体破坏模式为倾倒式、坠落式、滑移式三种，危岩单体规模变化范围较大。根据菜地沟右岸工程条件，基本采用"局部清除＋锚固＋支撑＋裂缝封闭"治理措施。

　　（1）对探头、零星分布于悬崖上、体积较小的危岩体，若陡崖下居民及建筑物较稀少，且在清除后后部母岩不产生新的危岩的情况下，可采取清除治理。如危岩体上有小块危岩块松动不适合清除时，可在进行趾部支撑的同时，在危岩体上以锚杆进行加固。采取清除措施的危岩体为W56及W57，W25危岩体采取局部清除及锚固综合治理措施。

　　如图12.15所示，W25危岩体发生倾倒式破坏，体积为344.8 m³，采用局部清除、锚固及对基座封闭措施进行治理。

　　（2）可能产生倾倒式或坠落式破坏的危岩，稳定性计算结果为稳定时，为防止岩腔向崖内扩展，对岩腔进行封填或坡面防护（挂网喷浆）。

　　如图12.16所示，W15危岩体发生倾倒式破坏，体积为554.4 m³，在现状工况及暴雨

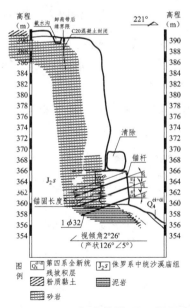

图 12.15　W25 危岩体治理工程示意图

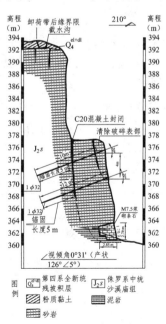

图 12.16　W15 危岩体治理工程示意图

工况均稳定，底部发育有高约 2.8 m 的岩腔，除对危岩体进行锚固支护外，应清除其破碎表部并封闭岩腔。

（3）对产生倾倒式或坠落式破坏的危岩，稳定性计算结果为不稳定时，如不能进行清除，则采取凹腔封填（支撑）和锚固相结合的治理措施。当凹腔较小时进行封填处理（不易封填时可加压灌注水泥浆）；凹腔较大时支撑（支撑墩、墙）处理，支撑物应置于中风化基岩上。

危岩区发生坠落式破坏仅为 W13 一处，体积为 546 m³，主要采取锚固及支撑综合治理，如图 12.17 所示。

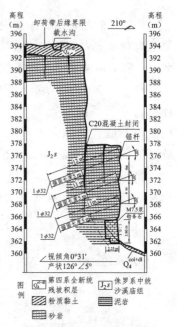

图 12.17 W13 危岩体治理工程示意图

12.4.2 设计参数及设计工况

1. 设计工况

根据《三峡库区三期地质灾害防治工程设计技术要求》确定设计工况如下：

工况一：自重 + 水压力 + 扬压力（天然状态）。

工况二：自重 + 水压力 + 扬压力（暴雨期间）。

2. 设计参数

根据《三峡库区三期地质灾害防治工程设计技术要求》确定稳定安全系数，安全等级为三级时，滑移式 1.20、坠落式 1.40、倾倒式 1.30。

设计参数取自《重庆市三峡库区三期地质灾害防治工程非应急项目万州区菜地沟右岸危岩（治理总表序号 198）初步设计阶段勘查报告》及《建筑边坡工程技术规范》（GB 50330—2002）相关经验参数（见表 12.9）。

表 12.9 岩石物理力学指标标准值一览表

项目 岩性	重度 /（kN/m³）		C /MPa	ϕ /（°）	抗拉强度 /MPa	变形模量 /（10^4 MPa）	泊松比	单轴抗压强度 /MPa		地基承载力特征值 /MPa	软化系数
	天然	饱和						天然	饱和		
砂岩	23.9	24.4	5.36	42.87	1.49	0.56	0.25	29.26	21.02	6.31	0.72
泥岩基座	24.6	24.8				5.27			2.93	0.87	0.56

锚固段岩体为灰白色长石砂岩。支撑部位岩体为灰白色长石砂岩与暗紫红色泥岩不等厚互层，其中以泥岩为主，表层局部覆盖 0.2~0.5 m 崩坡积粉质黏土夹碎块石。

12.4.3　结构设计

按《三峡库区三期地质灾害防治工程地质勘察技术要求》中对防治工程等级的划分标准，将菜地沟右岸危岩带防治工程等级确定为Ⅲ级。

单个危岩体治理方案见表 12.10。

表 12.10　单个危岩治理方案一览表

危岩体	治理措施	危岩体	治理措施
W1	锚固＋支撑＋裂缝封闭	W24	支撑＋裂缝封闭
W2	支撑＋裂缝封闭＋锚固	W25	局部清除＋锚固＋基座封闭
W3	支撑＋裂缝封闭	W26	锚固＋裂缝封闭
W4	支撑＋裂缝封闭	W27	支撑＋裂缝封闭
W13	锚固＋支撑＋裂缝封闭	W28	裂缝封闭＋支撑
W14	锚固＋支撑＋裂缝封闭	W29	支撑＋裂缝封闭
W15	基座凹腔封填＋裂缝封闭＋支撑	W30	基座封闭＋裂缝封闭
W16	锚固＋裂缝封闭＋支撑	W31	锚固＋裂缝封闭＋基座封闭
W17	锚固＋支撑＋裂缝封闭	W32	锚固＋支撑＋裂缝封闭
W18	锚固＋裂缝封闭＋支撑	W33	裂缝封闭
W19	锚固＋支撑＋裂缝封闭	W55	锚固＋裂缝封闭＋基座凹腔封闭
W20	锚固＋裂缝封闭＋支撑	W56	清除
W21	锚固＋支撑＋裂缝封闭	W57	清除
W22	支撑＋裂缝封闭	W58	锚固＋凹腔封填＋裂缝封闭
W23	支撑＋裂缝封闭		

（1）锚固工程分项工程设计

结合每个危岩体的各自特点，对于不适宜清除的危岩体在进行趾部支撑的同时，对危岩体以锚杆进行加固，设计锚杆倾角 20°，锚杆间距 4 m×4 m，梅花形布置，锚杆钢筋采用 HRB335 级螺纹钢,锚杆砂浆强度 M30,锚杆长度穿过潜在不稳定裂隙面,且应满足各项强度指标的要求。锚杆作为额外增加的安全储备未进行计算。

（2）凹腔封填（或支撑）工程分项工程设计

为了防止危岩体基座凹腔进一步风化加强,或对可能产生倾倒式破坏的危岩体采用 M7.5 浆砌片石及时封填或支撑基座凹腔,封填量根据凹腔的实际大小及延伸长度由现场确定。封填墩（或支撑墩）基础置于中风化岩石地基上,形态以仰斜为主。

（3）裂缝封填工程分项工程设计

地表水或雨水对裂缝的渗透是影响危岩体稳定性的不利因素,采用 C20 混凝土对危岩体的卸荷裂隙进行封闭,封闭长度和宽度根据裂缝的实际尺寸现场确定。

（4）清方工程分项工程设计

该分项工程主要针对个别采用清除方案时的危岩体（如 W56）,危岩清除采用人工挖掘辅以相应的机械设备,采用逆作法施工。为了维持原坡体现状稳定状态,禁止爆破施工（爆破施工时的震动对岩体产生不利影响）。

（5）坡面封闭防护分项工程设计

坡面封闭为主要针对泥岩基座的防风化措施（如 W30）。

坡面防护采用挂网喷混凝土工程措施,钢筋网采用 $\phi 8@200$,沿坡面防护范围布置,喷射混凝土 C20,喷射厚度 100 mm,根据坡面形态,局部可加厚。钢筋网与锚杆外露头根据相关施工规范可焊接在一起;锚钉采用 $\phi 16$（HRB335 级）,长 4 m,纵横间距 2 m×2 m。

（6）截排水分项工程设计

为了尽量防止和减少坡面雨水向危岩体卸荷裂隙带内的入渗,在裂隙带以 C20 素混凝土封闭的同时,在其坡顶上侧设置截排水沟,设计截水沟 400 mm×400 mm,材料为 M7.5 浆砌片石,厚度≥200 mm,总长 300 m,依地形横向布置在危岩带上侧,两头顺地势引出危岩带所在区域。

12.5　施工及监测

1. 施　工

根据治理设计方案,危岩的治理主要是锚杆加固＋挂网喷射混凝土＋清除等综合措施。

（1）锚杆加固施工

锚杆加固施工主要分为以下步骤:确定孔位、搭设工作平台、安放钻机、钻进成孔、锚筋制作、清孔、浇注砂浆。

（2）挂网喷射混凝土施工

挂网喷射混凝土施工应对面防护区域内的浮土及浮石进行清除或局部加固，通过测量确定锚杆孔位，并在每一孔位处凿一深度不小于锚杆外露环套长度的凹坑，按设计深度钻凿锚杆孔并清孔。

（3）危岩清除施工

危岩清除施工顺序应严格按照逆作法施工，单块危岩从上至下，危岩块体之间也应先清除高位危岩，再逐次向下清除低位危岩。

2. 监 测

根据危岩岩土特性及与工程环境的关联性，对已有危岩的变形（处理前后）进行监测，以检验危岩治理工程施工及治理后的质量效果，确保工程安全可靠、经济合理及工程的正常运营。

具体监测内容如下：

（1）建立健全监测网络，监测预报危岩变形发展趋势。

（2）监测成果用于检验防治效果。

（3）实时跟踪危岩的变形破坏趋势，以便及时发现和预报险情，采取相应措施，防止突发灾害一旦发生时造成大的人员伤亡和经济损失。

（4）监测危岩顶部水平位移和垂直位移，岩石锚杆拉力，主要受力构件的变形。

12.6 治理效果评价

万州区菜地沟危岩治理工程于 2009 年 2 月 15 日开工，6 月 15 日竣工，工程措施由锚固和支撑组成，排水沟 300 多米。2014 年实地考察治理效果，图 12.18 为菜地沟右岸危岩带现状全貌图。

达万铁路穿过危岩区，图 12.19 为位于危岩体下部的青龙咀隧道，隧道上部设有被动网防护措施。

如图 12.20 所示，危岩体采取了撑锚结合治理措施，并对破碎的坡面进行挂网防护。

实地调查可知，危岩体支撑措施未发生变形，且无裂缝产生；危岩体上未产生明显的大裂缝；经过走访当地居民，得知近年来菜地沟右岸危岩带无崩塌落石发生，菜地沟危岩带的治理有效。

图 12.18　菜地沟右岸危岩带现状全貌图

图 12.19　危岩体下部青龙咀隧道

图 12.20　菜地沟右岸危岩治理措施

第13章 首立山危岩

万州区首立山危岩带位于万州天城经济开发区，分布于都历村、棉花村内。地理坐标为东经 108.384 77°，北纬 30.832 47°，交通位置图如图 13.1 所示。

危岩主要分布于中缓倾砂岩、泥岩地层，共 145 处，总体积约 85 883.33 m³，在现状工况下处于欠稳定—基本稳定状态。就破坏模式而言，首立山危岩包含倾倒式破坏、坠落式破坏及滑移式破坏三类，以倾倒式破坏居多。对危岩进行治理时，在具备清除条件下，清除不稳定危岩体；坠落式及倾倒式危岩多采取锚固与对岩腔顶部进行支撑的综合治理措施；危岩体下岩腔较为发育时，对岩腔采取充填封闭处理，并用水泥灌浆封闭对危岩体稳定性造成不利影响的裂隙；同时做好危岩的排水工作。

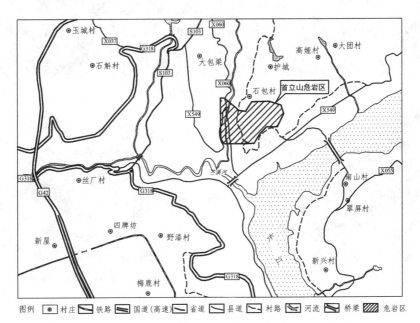

图 13.1 首立山危岩带交通位置图

13.1 危岩带工程地质条件

1. 地形地貌

勘查区处于构造剥蚀台状丘陵地貌区，危岩区处于台状地貌周边的斜坡区（见图 13.2、图 13.3、图 13.4）。由于斜坡基岩以砂泥岩软硬岩体组成，故整个斜坡形态呈折线型，总体地势北高南低。坡脚地形高程 180 m 左右，坡顶高程 420 m 左右，高差 240 m 左右，陡崖多为砂岩组成，崖高 10~33 m，坡角 60°~80°，部分段直立，甚至反倾。

图 13.2 勘查区西段陡崖斜坡地形

图 13.3 勘查区中段陡崖斜坡地形

图 13.4 勘查区东段陡崖斜坡地形

2. 地层岩性

勘察区内地层主要由第四系全新统人工填土层（Q_4^{ml}）、残坡积土层（Q_4^{el+dl}）、崩坡积土层（Q_p^{col+dl}）及侏罗系中统沙溪庙组（J_2s）砂、泥岩层组成。

3. 地质构造

勘查区在地质构造单元上位于万州宽缓向斜北西翼。区内岩层产状较平缓稳定，岩层倾向160°，倾角5°，无断层、构造破碎带通过。区内主要发育三组裂隙。构造裂隙发育，为本区危岩体（带）的形成提供了基本条件，如图13.5为勘查区构造纲要图。

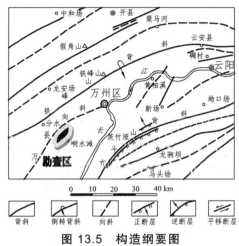

图 13.5　构造纲要图

据《建筑抗震设计规范》（GB 50011—2001），场地属抗震设防烈度6度区，设计基本地震加速度≤0.05g，场地特征周期值（s）取0.35，为建筑抗震的不利地段。

4. 水文地质条件

勘查区由于处于陡崖或陡斜坡地带，地面排泄条件较好，不利于地下水的储藏，地下水水量贫乏。地下水类型为第四系松散孔隙水和基岩裂隙水。

第四系松散孔隙水主要附存于陡崖以下地形较平缓的崩塌堆积体中，含水介质为崩坡积土层，水源仅靠大气降雨补给。

基岩裂隙水主要赋存于砂岩裂隙中，以泉的形式于陡崖脚裂隙露头点流出，泉水清澈、透明，水量一般较小。

13.2　危岩特征

1. 危岩范围、规模及形态

首立山危岩在平面上的分布受控于陡崖发育方向，在平面上陡崖发育大致呈"S"形展布。根据陡崖的不同发育方向和高度，结合危岩发育密度，并考虑到危岩集中带一旦产生崩塌所带来的危害性，将勘查区大致分为 Ⅰ ~ Ⅵ 6 个危岩段，共计发育 145 处危岩体(带)，分布高程为 195 ~ 425.60 m。危岩体形态各异，呈柱状、块状、长方体状、蘑菇状、扒壳状等；规模大小不等，体积在 2.29 ~ 7 904.82 m³。危岩体顶端距陡崖脚的高度一般小于 25 m，以中位危岩居多，低位危岩相对较少。

2. 结构特征

勘查区危岩体发育在近水平层状砂岩陡崖上，岩层产状为 160°∠5°，倾向与坡向多反向或者切向，局部顺向，陡崖倾向为 90° ~ 285°，高 10 ~ 33 m，危岩主塌方向与陡崖倾向基本一致。

危岩体发育地层为侏罗系中统上沙溪庙组，以中细巨厚层状长石石英砂岩为主，在陡崖中部和下部岩层可见中粗砂岩与泥质粉砂岩以互层的形式出现。

本区危岩的稳定性直接受控于岩体结构面的发育状况和陡崖脚基座岩腔的发育深度和长度。勘查区内共发育 3 组优势裂隙结构面，产状特征分别为：第一组结构裂隙倾向多在 330° ~ 350°，倾角一般在 85°以上，裂面弯曲，表现为局部地带裂隙倾向反倾，倾向 150° ~ 170°，倾角多在 84°以上。该组裂隙面多粗糙，一般呈张开状，张开度 2 ~ 20 cm，可见切割深度多为陡崖高度。该组裂隙多把陡崖沿走向方向切割成块状，间距 2 ~ 8 m。第二组结构裂隙倾向多在 240° ~ 275°，倾角一般在 74°以上，裂面多平直、粗糙，呈张开状，张开宽度 2 ~ 25 cm，可见切割深度多为陡崖高度。该组裂隙多将陡崖表层岩体与母岩切割开，形成危岩体，间距 1 ~ 5 m。第三组结构裂隙产状为：倾向 195° ~ 210°，倾角 74 ~ 86°，间距 2 ~ 3 m，裂面稍弯曲，较粗糙，一般闭合—微张。

在陡崖底部，地层岩性为泥岩，与上部砂岩的岩性呈差异性，风化形成岩腔，深 0.5 ~ 3 m，高 1 ~ 3 m。

3. 破坏方式及特征

首立山危岩的失稳模式主要为滑移式、倾倒式和坠落式三种。其中，滑移式破坏的危岩共 47 处，占危岩总数的 32.42%；倾倒式破坏的危岩 67 处，占危岩总数的 46.20%；坠落式破坏的危岩 31 处，占危岩总数的 21.38%。

新构造运动及河流下蚀切割作用形成了勘查区现在的斜坡陡崖带，改变了岩体原有的力学环境条件，陡崖岩体产生卸荷回弹效应，陡倾角裂隙进一步扩容，形成卸荷裂隙带，卸荷裂隙带沿陡崖呈带状分布。受差异性风化作用、地下水及人类工程活动等因素影响，陡崖基底泥岩或其间泥质粉砂岩夹层的风化、软化、崩解，在陡崖底部形成岩腔，泥岩基座在上覆岩体的自重及外力作用下发生压缩流变及向临空方向的剪切流变。陡崖上部及基底部位产生部分拉张裂隙，局部锁固段破坏，陡倾角裂隙带进一步扩张，陡崖逐渐演变成危岩，形成危岩体。

13.3 危岩稳定性评价

1. 计算工况

在进行稳定性计算时，采用两种工况，工况一为现状工况，工况二为暴雨工况。

现状工况按勘查期间的状态计算，计算时考虑自重，同时考虑现状裂隙水压力；暴雨工况按 50 年一遇 5 日暴雨（$q_差$）进行计算，计算时考虑危岩自重和暴雨时裂隙水压力，现状工况下裂隙水充水高度根据野外调查裂隙的切割情况进行确定。

2. 计算参数

危岩稳定性评价计算参数见表 13.1。

表 13.1 危岩体稳定性计算参数一览表

岩 性	重 度/（kN/m³）		黏聚力 C/kPa		内摩擦角 ϕ/（°）		抗拉强度/kPa	
	天 然	饱 和	天 然	饱 和	天 然	饱 和	天 然	饱 和
砂 岩	25.1	25.3	1.314	0.948	34.14	33.38	438	306

3. 计算结果

根据各危岩体的受力情况及最可能的破坏形式，按《三峡库区三期地质灾害防治工程地质勘察技术要求》中的滑移式、倾倒式和坠落式三种基本模型进行计算，对可能存在多种破坏模式的危岩体，对其可能产生的破坏模式分别计算，根据计算结果，取最不利的一种作为其破坏形式。

根据 145 处危岩体稳定性评价结果，暴雨工况下稳定的危岩体 0 处；基本稳定的危岩体 20 处，占危岩总数的 13.79%；欠稳定的危岩体 113 处，占总数的 77.93%；不稳定的危岩体 12 处，占总数的 8.28%。

13.4 防治措施

13.4.1 主要治理工程

首立山危岩范围广、形态特征各异，根据不同危岩具体实际因地制宜，针对各危岩的发育特征分别采用锚固、支撑、人工清除等防治措施。根据地形特征，在危岩顶部卸荷裂隙一定距离外（一般不少于 5 m）设置截水沟，在自然冲沟处将截水沟水流汇集引至崖下排水系统；危岩体顶部裂隙采用水泥砂浆封闭，危岩面采用外倾泄水孔，深入裂隙，导出裂隙积水。

（1）支撑：当危岩下部发育有较大高度的岩腔且体积较大时，对岩腔顶部危岩采用支撑措施。

如图 13.6 所示，W123 危岩体呈长方体状，高 14.7 m，宽 12 m，厚 6.8 m，体积为 1 199 m^3，在天然状态下稳定，暴雨状态下欠稳定，发生倾倒式破坏。危岩两侧受第一组裂隙切割，后部受第二组裂隙切割，中部沿层间裂隙风化、挤压破碎，形成高 2～3.5 m，深约 1～2.5 m 的岩腔。采用锚固、支撑综合治理措施。

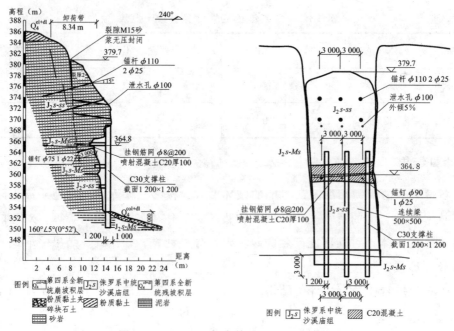

图 13.6 W123 危岩体治理工程示意图

178

（2）封闭：对于危岩体下软弱基座由于差异风化形成的泥岩岩腔采取充填、封闭处理，采取水泥浆灌浆封闭对危岩体稳定性不利的裂隙。局部存在凹岩腔，但后壁和侧壁裂隙不发育的情况，虽目前未形成危岩，但岩腔内壁上已经出现沿层面和节理面渗水的现象，垂直节理也已形成，但延伸性稍差，存在演化为危岩的隐患，须另外进行封闭衬砌。

如图13.7所示，W3危岩体呈不规则方块体，高3.3 m，宽11 m，厚2.5 m，体积为100 m³，在天然状态下稳定，暴雨状态下欠稳定，发生倾倒式破坏。后部被裂隙切割贯穿，左侧及前侧临空，右侧裂隙切割，底部有岩腔，岩腔深0.4～1.0 m，高1.5 m。采用锚固、封闭岩腔综合治理。

（3）悬岩清除、嵌补：对危岩体上部的悬岩、探头石采取清除措施，对中部崩塌残留的孤石，采取先清除后嵌补的措施。另外，对于陡崖面局部存在的较小岩块，在具备清除的条件时，采取清除措施。

如图13.8所示，W88危岩体呈四方柱状，高7.15 m，宽4.4 m，厚1.5 m，体积为48.26 m³，在天然状态下稳定，暴雨状态下欠稳定，发生滑移式破坏。危岩体两侧壁裂面相交，母岩为厚层状长石石英砂岩，表面风化一般，底部基座为紫红色泥岩形成的宽1.22 m，高0.21 m的凹岩腔，岩体较破碎，易风化崩解。采用人工清除方案。

（4）锚固：对位于坡顶，体积大，不可采取清除措施的危岩体，采取锚固措施，锚固段深度应进入卸荷带。

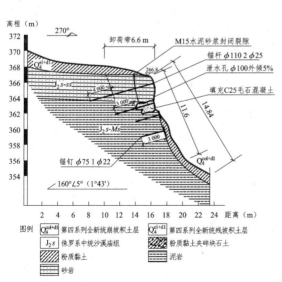

图13.7 W3危岩体治理工程示意图

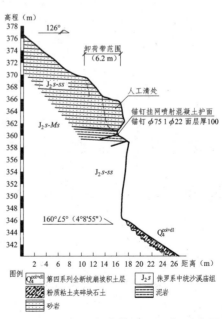

图13.8 W88危岩体治理工程示意图

179

如图 13.9 所示，W100-2 危岩体呈四方柱状，高 13.3 m，宽 8.6 m，厚 3.3 m，体积约为 370 m³，在天然状态下稳定，暴雨状态下欠稳定，发生滑移式破坏。危岩体主要由灰白色砂岩组成，表面风化严重；基座主要为紫红色泥岩形成的宽 1.40～2.00 m，高 2.00～2.50 m 的凹岩腔，岩体较破碎，易风化崩解。

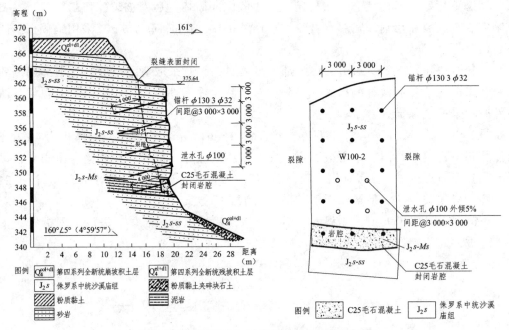

图 13.9　W100-2 危岩体治理工程示意图

（5）做好陡崖顶部卸荷带范围的地表雨水、污水的排放工作，修筑截排水沟，不可乱排乱放，避免地表水长期对陡崖浸润、冲刷而对危岩稳定性造成不利影响。

13.4.2　设计标准及参数

（1）设计标准

Ⅰ～Ⅵ段的工程等级分别为：Ⅲ、Ⅳ段防治等级为Ⅰ级，Ⅰ、Ⅱ、Ⅴ、Ⅵ段防治等级为Ⅱ级。治理结构设计基准期为 50 年。

设计标准见表 13.2。

表 13.2　危岩稳定性安全系数 F_t

危岩类型	危岩防治工程等级及安全系数	
	I 级（III、IV 段）	II 级（I、II、V、VI 段）
	自重＋暴雨	自重＋暴雨
滑移式	1.20	1.15
倾倒式	1.50	1.40
坠落式	1.60	1.50

（2）物理力学参数

粉质黏土基底摩擦系数为 0.25，强风化泥岩为 0.3，中风化泥岩为 0.45，强分化砂岩为 0.35，中风化砂岩为 0.50。结合差的硬性结构面内摩擦角 18°～27°，黏聚力 50～90 kPa，结合很差的软弱结构面内摩擦角 12°～18°，黏聚力 20～50 kPa。

岩石物理力学指标见表 13.3。

表 13.3　岩石物理力学指标标准值一览表

项目 岩性	重度 /（kN/m³）		C /MPa		ϕ/（°）		抗拉 强度/MPa		弹性 模量/ （10^4 MPa）		泊松比		单轴抗 压强度 /MPa		地基 承载 力特 征值 /kPa	黏结 强度 /kPa	弹性 抗力 系数/ （MN/ m⁴）
	天然	饱和	天然	饱和	天然	饱和	天然	饱和	天然	饱和	天然	饱和	天然	饱和			
砂岩	25.1	25.3	1.314	0.948	38.4	37.55	0.438	0.306	4.83	3.99	210	230	28.07	20.83	6630	500	350
泥岩	25.8	26.0	0.747	0.53	32.81	31.78	0.22	0.152	3.36	2.38	0.36	0.33	14.2	9.6	5685	250	178

13.4.3　设计工况

首立山危岩（带）治理工程的设计工况为：

III、IV 段：自重＋建筑荷载＋50 年一遇暴雨（$q_全$）。

I、II、V、VI 段：自重＋建筑荷载＋20 年一遇暴雨（$q_全$）。

暴雨工况参照《三峡库区三期地质灾害防治工程地质勘查技术要求》的有关规定，根据汇水面积、裂隙蓄水能力和降雨情况等综合确定，当汇水面积和蓄水能力较大时，取裂隙深度的 1/3～1/2；在考虑暴雨对危岩稳定性的影响时，除计算暴雨时裂隙水压力外，同时分析降雨引起的土体物质的迁移及上覆土层重度的增加。

13.4.4 治理工程设计

1. 锚固工程

采取锚固措施的危岩共 89 处。

1）倾倒式危岩锚固计算

治理后要求 $F \geqslant 1.4$，令 P_0 为锚杆抗拔力，则：

$$P_0 = 1.4 \times \left[V \left(\frac{h_w}{3\sin\beta} + b\cos\beta \right) + W \cdot a \right] - \frac{1}{3} f_{lk} \cdot b$$

式中　f_{lk}——危岩体抗拉强标准值（kPa）；

　　　W——危岩体自重（kN/m）；

　　　h_w——后缘裂缝充水高度（m）；

　　　V——后缘单位宽裂面承受的总空隙水压力（kN），$V = \frac{1}{2}\gamma_w h_w^2$；

　　　a——危岩体重心到倾覆点的水平距离（m）；

　　　b——后缘裂缝末贯段下端到倾覆点之间的水平距离（m）；

　　　β——后缘裂隙倾角（°）。

锚杆提供的水平力 $N = P_0/L$，L 为力臂。

锚杆所受轴向力　$N_a = N/\cos\alpha$，α 为危岩体与基座接触面倾角（°）；外倾取正值，内倾取负值。

（1）锚杆钢筋截面面积的确定

锚杆钢筋截面面积应满足下式的要求：

$$A_s \geqslant (\gamma_0 \cdot N_a)/(\zeta_2 \cdot f_y)$$

式中　A_s——锚杆钢筋截面面积（m²）；

　　　ζ_2——锚杆抗拉工作条件系数，永久性锚杆取 0.69，临时性锚杆取 0.92；

　　　γ_0——边坡工程重要系数；

　　　f_y——锚筋抗拉强度设计值（kPa）。

（2）锚杆锚固长度的确定

锚杆锚固体与地层的锚固长度应满足下式要求：

$$l_s \geqslant N_{ak}/(\zeta_1 \cdot \pi D \cdot f_{rb})$$

式中　l_s——锚固段长度（m）；

D——锚固体直径（m）；

f_{rb}——地层与锚固体黏结强度特征值（kPa）；

ζ_1——锚固体与地层黏结工作条件系数，对永久性锚杆取1.00，对临时性锚杆取1.33。

2）坠落式危岩锚固计算

治理后要求$K_s \geq 1.5$，令P_0为锚杆抗拔力，则：

$$P_0 = 1.5 \times (W \cdot a) - \xi \cdot f_{lk} \cdot (H - h)$$

式中　ξ——危岩抗弯力矩计算系数，依据潜在破坏面形态取值，一般可取 1/12 ~ 1/6，当潜在破坏面为矩形时可取 1/6；

a——危岩体重心到潜在破坏面的水平距离（m）；

f_{lk}——危岩体抗拉强度标准值（kPa），根据岩石抗拉强度标准值乘以 0.20 的折减系数确定；

H——危岩体高度（m）；

h——危岩体后缘裂隙深度（m）。

其他符号意义同前。

确定锚杆钢筋截面面积及锚杆锚固体与地层的锚固长度方法与倾倒式一致。

3）滑移式危岩锚固计算

治理后要求$K_s \geq 1.2$，令P_0为锚杆抗拔力，则：

$$P_0 = 1.2 \times (W \sin\alpha + Q \cos\alpha) - [(W \cos\alpha - Q \sin\alpha - V) \tan\phi + Cl]$$

式中　C——危岩体黏聚力标准值（kPa）；

ϕ——危岩体内摩擦角标准值（°）；

Q——水平地震力（kN）。

其他符号意义同前。

确定锚杆钢筋截面面积及锚杆锚固体与地层的锚固长度方法与倾倒式一致。

锚杆成孔采用小水量钻进，材料为 $2\phi25 \sim 3\phi32$ 普通螺纹钢，孔径$\phi110 \sim \phi130$ 不等。锚入卸荷裂隙面及中风化基岩不小于 4.0 m。

锚杆方向根据控制危岩崩塌的裂隙倾向确定，应平行于危岩预测崩塌方向。水平倾角 15°。锚杆锚固砂浆均为 M30，采用小压力灌浆，灌浆压力不大于 0.3 MPa。

锚杆外锚头为 20 厚钢垫板（$300 \times 300 \times 20$）与锚杆钢筋弯起段焊接连接。钢垫板须置于中风化岩面上。锚杆与钢垫板搭接焊接，焊缝宽度$\geq 0.5d$，厚度$\geq 0.35d$（d 为锚杆钢筋直径）。当填充墙厚度大于 1.5 m 时，填充墙上加固锚杆可不设钢垫板外锚头，直接做成弯钩锚入墙混凝土内不少于 35d 即可。

锚杆自由段采用沥青玻纤布二道裹扎防腐,外锚头采用 C30 混凝土封闭。

锚杆钢筋焊接接长,双面搭焊。锚钉井字架采用点焊,锚杆每间隔 1.5 m 设定位件一组,采用 ϕ12 制作,一组 3 根,保证锚杆体有足够的砂浆保护层。

锚孔偏斜度不应大于 3%,孔深超过锚杆设计长度 0.5 m,锚固深度指穿过裂隙卸荷带且进入中风化基岩以内的深度。锚杆成孔须严格控制用水量,成孔后,立即清孔、下锚、灌浆。待砂浆凝固收缩后,尚应进行二次灌浆。

锚杆方向根据控制危岩崩塌的裂隙倾向确定,其合力方向应平行于危岩预测崩塌方向。锚杆水平倾角 15°。

锚杆施工前须做抗拔性能试验,以确定 M30 砂浆与岩壁之间的黏结强度。试验锚杆不少于 3 根,锚固长取设计锚固长度的 0.5 倍。

锚杆及锚钉验收应随机抽样,验收数量为锚杆、锚钉总数的 5%。且不少于 5 根。现浇混凝土及喷混凝土亦应按规范作抗压强度试验。

喷射混凝土施工前,应对岩面进行清理,清除覆土、强风化层及岩渣等。喷混凝土分两次进行,第一次喷射 50 mm,然后铺设钢筋网,再喷混凝土 50 mm。喷射混凝土与岩面黏结力应不低于 0.7 MPa。

2. 支撑工程

采取支撑措施的危岩共 80 处。

危岩支撑对支撑体顶部的最大应力有一定的要求。

钢筋混凝土轴心受压构件,当配置的箍筋符合规定时,其正截面受压承载力应符合下列规定:

$$N \leqslant 0.9\varphi(f_c \cdot A + f_y' \cdot A_s')$$

式中　　N——轴向压力设计值;

　　　　φ——钢筋混凝土构件的稳定系数,查规范采用;

　　　　f_c——混凝土轴心抗压强度设计值,按规范采用;

　　　　A——构件截面面积;

　　　　A_s'——全部纵向钢筋的截面面积。

岩腔充填必须首先进行清面工作,将岩腔后壁及危岩底部覆土及强风化层进行清除,露出新鲜岩面。充填材料采用 C25 混凝土,置于中风化岩面下不少于 1.0 m,至陡崖面的水平安全距离不少于 1.5 m。对于外悬长度较长且较高的危岩岩腔,亦可采用一根或数根混凝土柱支撑,截面 1 000 mm×1 000 mm ~ 1 400 mm×1 400 mm,嵌入中风化岩石 1.0 m。

184

柱高大于 3 m 的，每间隔 3 m 设一道连梁与母岩嵌固连接，连梁截面 500 cm × 500 cm。所有充填及支撑材料在距岩腔顶 500 mm 时，掺入适量膨胀剂，以保证与危岩底部接触紧密。

除了上述差异风化形成的岩腔外，尚有因危岩历年崩塌形成的大量负地形。因该处各危岩联系较紧密，陡崖下居民住宅密集，清除措施风险较大。而单纯靠锚固措施亦难以准确控制其锚固方向及锚固深度，故以支撑为主，辅以局部清除及锚固措施。充填墙采用 C25 片石混凝土，填充墙顶部 500 mm 添加适量膨胀剂。由于墙底斜坡坡度陡，故墙底做成台阶状，每级台阶宽 1~2 m，高 0.3~0.5 m，台阶面修成 1∶10 逆坡。

当岩腔空间较狭小、充填操作较困难时，可适当加压充填，充填压力 0.1~0.3 MPa。加压时应注意不得对危岩体造成不利影响。

支撑柱及连梁主筋采用焊接接长（双面搭焊），焊条型号 E5001。任一接头中心至长度 35d 区段区（且不小于 500 mm）受力钢筋接头面积不得超过受力钢筋总面积的 50%，且应相互错开。主筋延伸长度≥40d。

支撑墙厚度大于 1.5 m 时，墙上加固锚杆可不设钢垫板外锚头，直接做成弯钩锚入混凝土内 35d 即可。

混凝土应连续浇注，浇注完毕后，须派专人负责养护。

3. 清除工程

采取清除措施的危岩共 73 处。

清除主要针对与母岩完全或基本分离、方量相对较小、零星悬岩等且陡崖下居民及建筑物较稀少的危岩，清除措施以施工可行，且危岩清除后，后部母岩不产生新的危岩为原则。

施工前，应先对小型危石进行清除，以免施工过程中滚落。危岩清除须采用人工清除方法，清除下的危石以吊篮小心放下再转移至安全地带，不得随意下抛。

4. 排水工程

于各级崖顶卸荷带外设截水沟一道，主要拦截大气降水，阻止雨水入渗危岩裂隙。

截水沟采用矩形断面，净断面尺寸为 0.9 m × 1.0 m，采用浆砌块石砌筑，块石厚 300 mm。截水沟水流顺斜坡排入公路边沟及崖脚城市排水系统。截水沟总长 2 916 m。根据稳定性分析成果，裂隙内静水压力是影响其稳定性的一个重要因素，为有效减小静水压力的影响，于危岩上每隔 3 m 设置一个泄水孔，泄水孔仰倾 5°~10°，其底部深入主控裂隙内，高于裂隙底部 300~500 mm。泄水孔孔径 $\phi100$，采用 PVC 管。

危岩体顶部卸荷裂隙及构造裂隙采用 M10 砂浆进行封闭充填，厚度 500 mm，以防雨水入渗。

截水沟结合地形设置并充分利用已有排水设施或自然冲沟，以求发挥最大功效。截水沟壁及沟底采用 M10 浆砌块石砌筑，块石砌筑厚度 300 mm；水沟迎水面设泄水孔，孔口尺寸不小于 50 mm×300 mm，泄水孔间距 3 000 mm，内倾 5%；泄水孔后设置的砂卵石滤层厚 200 mm，水沟迎水面泄水孔孔口位置以下 200 mm 处设隔水层，隔水层采用黏土夯实，其厚度不得小于 200 mm。

水沟出口采用八字形导流翼墙形式铺砌，导流翼长度不少于 2 000 mm。水沟转弯处按平面布置图设置，保证转弯角度不小于 90°。

在陡坡和缓坡段沟底及边墙，应间隔 15～25 m 设置变形缝，缝宽 30 mm，沟底设齿前墙，变形缝内用沥青玛蹄脂填实止水。

裂隙出露处增设泄孔水。

13.5 施工及监测

13.5.1 施 工

根据治理设计方案，危岩的治理主要是锚杆加固＋充填＋支撑＋清除＋排水等综合措施。撑锚结合治理的危岩体，施工顺序须为先撑后锚。

（1）排水

用 M10 砂浆对危岩体表面裂缝进行硬化，同时进行水沟施工；截、排水沟纵坡依现场地形确定，并尽量利用城市已有排水设施，水沟沟壁为浆砌块石。截水沟边墙设泄水孔，孔后设厚砂卵石滤水层。

（2）充填及支撑

采用 C25 毛片石混凝土对危岩进行支撑及岩腔充填。首先将表面覆土及强风化岩石挖除，并将基底开挖为台阶状，略有内倾，每阶高度不大于 0.5 m。

（3）锚杆

锚杆施工工艺流程：确定孔位→搭设工作平台→安放钻机→钻进成孔及制作锚杆→清孔→安放锚杆→浇注砂浆→封头。

（4）清除

清除危岩时尽量采用人工清除的方法进行，当采用爆破施工时，应控制好用药量，进行小规模爆破，爆破前应及时疏散施工人员及群众等，注意对周围建筑物等及危岩体稳定状态的保护。

各处危岩和排水工程基本可同时施工，但应注意交通及料场等的统筹协调。

13.5.2 监 测

危岩体监测的主要任务为：通过各种测量、测试手段，对危岩体进行系统、可靠的变形监测。其主要内容有：

（1）危岩体各部分（含已有构筑物）移动的方向、速度及裂缝的发展；

（2）支挡结构承受的应力及位移变形；

（3）危岩内外地下水位、水温、水质、流向及地下水露头的流量和水温等；

（4）工程设施的位移；

（5）对可能出现的问题作出监测预报。

所有的监测工作应达到以下目的：

（1）在危岩治理前，通过系统监测，可以对其稳定状态及时进行综合分析，对其危险性进行实时预报预警，为优化综合治理设计提供可靠依据。

（2）在危岩体综合治理期间，及时反馈综合治理效果，采用信息法施工，尤其注意卸荷带的揭露，有效调整施工进程，确保施工期间生命和财产安全。

（3）综合治理后，继续进行监测，掌握危岩综合治理效果；对监测资料进行总结和分析，为危岩治理积累实践经验。

13.6 治理效果评价

2014 年实地考察治理效果，危岩部分现状如图 13.10 所示。首立山危岩带共计 145 处危岩体，已基本全部治理。

图 13.10 首立山危岩现状全貌图（部分）

治理危岩的支撑柱、锚杆支护等措施均未发生变形；岩腔填充、支撑部位无裂缝产生；危岩体未产生明显的大裂缝；走访调查后得知，近年无崩塌落石发生，首立山危岩带基本得到有效治理。

针对各危岩发育特征及破坏模式等，分别采用锚固（见图 13.11、图 13.12）、封闭裂隙（见图 13.13）、岩腔填充（见图 13.14）、支撑（见图 13.15）、人工清除等治理措施。

图 13.11　锚固措施（1）

图 13.12　锚固措施（2）

图 13.13　封闭裂隙

图 13.14　岩腔填充

图 13.15　支撑柱

参考文献

[1] 刘传正. 长江三峡库区地质灾害成因与评价研究[M]. 北京：地质出版社，2007.

[2] 杨宗佶，乔建平，陈晓林，等. 三峡库区万州侏罗系红层滑坡成因机制研究[J]. 世界科技研究与发展，2008，30（2）：174-176.

[3] 邢林啸. 三峡库区典型堆积层滑坡成因机制与预测预报研究——以白水河滑坡为例[D]. 武汉：中国地质大学，2012.

[4] 乔建平，吴彩燕，田宏岭. 三峡库区云阳—巫山段坡形因素对滑坡发育的贡献率研究[J]. 工程地质学报，2006（1）：18-22.

[5] 朱大鹏. 三峡库区典型堆积层滑坡复活机理及变形预测研究[D]. 武汉：中国地质大学，2010.

[6] 刘云，郭少河. 岩质滑坡变形特征及变形迹象探讨——以关门山水库岩质滑坡为例[J]. SILICON VALLEY，2013（13）：131.

[7] 简文星，王志俭，殷坤龙. 三峡库区万州缓倾角红层基岩滑坡启滑机制[C]//夏才初. 和谐地球上的水工岩石力学：第三届全国水工岩石力学学术会议论文集. 上海：同济大学出版社，2010：365-370.

[8] 尚敏，易庆林，王征亮，等. 三峡库区塌岸机理与防治措施研究[J]. 人民长江，2008，39（12）：1-3.

[9] 许强. 山区河道型水库塌岸研究[M]. 北京：科学出版社，2009.

[10] 汤明高，许强，黄润秋. 三峡库区典型塌岸模式研究[J]. 工程地质学报，2006，14（2），172-177.

[11] 彭正华，周宁，卞学军，等. 三峡库区土质高切坡变形破坏模式及防护措施研究[J]. 资源环境与工程，2010，24（4）：379-382.

[12] 彭冬菊. 边坡地质灾害隐患探测方法研究[D]. 长沙：中南大学，2008.

[13] 苏爱军，柯于义，刘红星. 长江三峡工程库区巫山新城区地质环境与移民建设利用对策[M]. 北京：长江出版社，2008.

[14] 郑颖人，陈祖煜，王恭先，等. 边坡与滑坡工程治理[M]. 2版. 北京：人民交通出版社，2010.

[15] 邢林啸. 三峡库区典型堆积层滑坡成因机制与预测预报研究——以白水河滑坡为例[D]. 武汉：中国地质大学，2012.

[16] 周健，郑义国，李洪祥. 奉节长江大桥南桥头高边坡治理[J]. 重庆交通大学学报：自然科学版，2008，26（B10）：75-78.

[17] 邹从烈，高润德，郑轩，等. 置换阻滑键在猴子石滑坡治理工程中的应用[C]//崔京浩. 第17届全国结构工程学术论文集（第二册）. 北京：工程力学，2008：397-401.

[18] 张永兴，卢黎，张四平. 胡岱文差异风化型危岩形成和破坏机理[J]. 土木建筑与环境工程，2010，32（2）：1-6.

[19] 李明，陈洪凯，叶四桥.重庆市洪崖洞危岩发育机理[J]. 中国地质灾害与防治学报，2008，19（2）：1-6.